北方地区秸秆燃料化利用技术模式与应用实践

BEIFANG DIQU JIEGAN RANLIAOHUA LIYONG JISHU MOSHI YU YINGYONG SHIJIAN

陈 劼 王 粟 主编

中国农业科学技术出版社

图书在版编目（CIP）数据

北方地区秸秆燃料化利用技术模式与应用实践 / 陈劼，王粟主编. -- 北京 : 中国农业科学技术出版社，2024. 12. -- ISBN 978-7-5116-7018-2

Ⅰ. S38

中国国家版本馆CIP数据核字第20249SV933号

责任编辑 李　华
责任校对 李向荣
责任印制 姜义伟　王思文

出 版 者 中国农业科学技术出版社
北京市中关村南大街 12 号　　邮编：100081
电　　话 （010）82106638（编辑室）（010）82106624（发行部）
（010）82109709（读者服务部）
网　　址 https://castp.caas.cn
经 销 者 各地新华书店
印 刷 者 北京建宏印刷有限公司
开　　本 170 mm×240 mm　1/16
印　　张 10
字　　数 179 千字
版　　次 2024 年 12 月第 1 版　2024 年 12 月第 1 次印刷
定　　价 85.00 元

《北方地区秸秆燃料化利用技术模式与应用实践》

编委会

主　编　陈　劼　王　粟

副主编　张思涛　刘　杰　孙　磊

　　　　　党金霞　史风梅

编　委（按姓氏笔画排序）：

于　杰　于亦飞　于秋月　于洪久

王　明　王宇西　王春玉　王娟娟

田　旭　冯子涵　邢　超　朱　伟

乔　杰　任家慧　刘广拓　孙振锋

杨　静　李　丹　李鹏飞　张　楠

陈兢一　郃冬梅　罗一飞　周景光

赵　蕾　胡化如　姜　怡　都　琳

韩　玉　裴占江　谭　漪

序 言

农作物秸秆属于农业生态系统中一种十分宝贵的生物质能资源，富含氮、磷、钾、钙、镁和有机质等，积累了农作物一半以上的光合作用产物，具有巨大的利用潜力。农作物秸秆资源的综合利用对促进农民增收、环境保护、资源节约以及农业经济可持续发展的意义重大。据有关统计，中国作为农业大国，2022 年全国秸秆产生量为 9.77 亿 t，成为“用处不大”但必须处理掉的“废弃物”。在此情况下，完全由农民自主处理，每年总有大量的小麦、玉米等秸秆在田间焚烧，产生了大量烟尘，不仅成为农村环境保护的瓶颈，甚至殃及城市环境。对此，国家高度重视，不断加大资金投入，社会各界纷纷发声，探索切实有效的秸秆综合利用途径，已势在必行。

从国外情况看，特别是在发达国家，通过科技进步与创新，为农作物秸秆综合开发利用探索了多种途径。除传统的将秸秆粉碎还田做有机肥料外，还走出了秸秆饲料、秸秆气化、秸秆发电、秸秆乙醇、秸秆建材等新路子，显著提高了秸秆的利用价值和利用率，值得我们借鉴。从国内看，情况仍然不乐观。秸秆还田操作不当可能会影响作物生长，秸秆焚烧又会污染大气环境，综合开发利用又面临着技术不成熟、投资比较大、效果比较差的窘境。实际上，秸秆综合开发的前景非常好。通过近几年的探索推广，国内逐步形成了秸秆“五化”利用技术，即秸秆肥料化、饲料化、燃料化、原料化和基料化。秸秆肥料化是将秸秆直接还田、加工成肥料等；秸秆饲料化利用的主要方式有直接饲喂、青贮、微贮、揉搓压块等；秸秆燃料化主要是发电、气化、炭化、压块等；秸秆原料化可用于建材、化工、草编、造纸等行业；秸秆基料化是以秸秆为原料生产食用菌等。

农作物秸秆含碳量达到 40%，其能源密度为 14.0 ～ 17.6MJ/kg，即大约 2t 秸秆的热值可代替 1t 标准煤。秸秆燃料化利用技术主要包括秸秆捆烧、成型燃料、热解炭气联产、沼气 / 生物天然气等，可有效替代和节约化石能源，温室气体排放仅为煤炭的 1/10 ～ 1/7，显著减少温室气体、二氧化硫和颗粒物排放，具有良好的生态效益、社会效益和经济效益。因此秸秆燃料化利用成为秸秆离田后最重要的利用方式之一。本书总结归纳了中国北方地区秸秆燃料化利用的主要模式，通过模式组成、典型示范、效益分析等方面详细介绍了生物质电厂秸秆直燃利用模式、秸秆直燃锅炉集中供热模式、“秸秆固化成型燃料 + 户用生物质炉具”单户用能模式、“秸秆固化成型燃料 + 生物质成型燃料锅炉”集中供热模式、秸秆炭气油多联产利用模式、户用秸秆沼气利用模式、秸秆沼气工程利用模式、秸秆生物天然气利用模式、秸秆热解气化集中供气利用模式、秸秆制取纤维素乙醇模式等，并分析了每种模式的技术经济性和生态效益，在此基础上，对每种模式的发展进行了评估分析，为北方地区秸秆燃料化利用的发展提供了良好的参考。

本书是在作者多年调查研究的基础上总结撰写完成。全书的思路与架构设计、主体内容与撰写工作全由编委会成员完成。本书参考和引用了大量相关文献，其中大多数已在书中注明出处，但难免有所疏漏。在此，向有关作者和专家表示感谢，并对没有标明出处的作者表示歉意。

本书的出版由国家自然科学基金（U21A20162）、全球环境基金（EZCERTV–2024–029）、黑龙江省省属科研院所科研业务费项目（CZKYF2022–1–C002）共同资助完成，再次表示诚挚的感谢。

主　编

2024 年 5 月

目　录

1 秸秆

1.1 秸秆性质

1.1.1 秸秆定义

在农业生产过程中，收获了玉米、大豆、稻谷、小麦和马铃薯等农作物以后，残留的不能食用的茎、叶等废弃物统称为秸秆。秸秆富含氮、磷、钾、钙、镁和有机质等，含有一半以上的农作物光合作用的产物，是一种具有多用途的可再生的生物资源。

秸秆是广大农村地区传统的生活用能，大部分作为农民炊事和取暖的燃料。农民对农作物秸秆的利用有着悠久的历史，只因从前农业生产水平低、产量低，秸秆数量少，且获得其他能源存在难度，秸秆除少量被用于垫圈、喂养牲畜，部分用于堆沤肥外，大部分都作为燃料烧掉了。随着农业生产技术的发展，粮食产量大幅提高，秸秆数量也持续增多，使农村中有大量富余秸秆。随着科学技术的进步，农业机械化水平的提高，秸秆的利用方式越来越多，秸秆综合利用水平和能力稳步提升。2022 年，中国农作物秸秆综合利用率超过 88%，成为农业生态和农业绿色发展的突出亮点。

1.1.2 秸秆组成

秸秆主要由大量的有机物和少量的矿物质及水分组成。有机物的主要成分是纤维素、半纤维素和木质素。

1.1.2.1 纤维素

纤维素是世界上最丰富的有机化合物，是植物细胞壁的主要成分，赋予秸秆弹性和机械强度，构成了植物支撑组织的基础，纤维素结构如图1–1所示。纤维素的结构单位是D–葡萄糖，结构单位之间以糖苷键结合而成分支的长链。经X射线测定，纤维素分子的链与链之间借助于分子间的氢键形成绳索状结构。该结构具有一定机械强度和韧性，在植物体内起着支撑作用。纤维素是白色物质，不溶于水，无还原性。纤维素比较难水解，一般需要在浓酸中或用稀酸在加压下进行。在水解过程中可以得到纤维四糖、纤维三糖、纤维二糖，最终产物是D–葡萄糖。

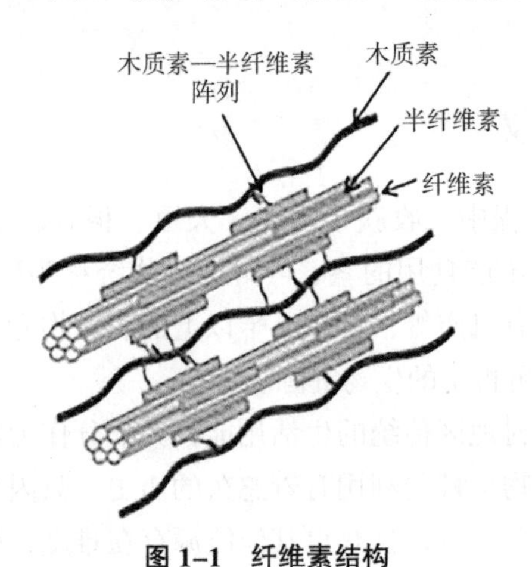

图1–1 纤维素结构

1.1.2.2 半纤维素

半纤维素是由多种糖单元组成的一类多糖，其主链上由木聚糖、半乳聚糖或甘露糖组成，在其支链上带有阿拉伯糖或半乳糖。半纤维素由不同的糖单元聚合而成，分子链短且带有支链。半纤维素在100℃以上开始分解，170℃熔解。半纤维素中某些成分是可溶的，在谷类中可溶的半纤维素称为戊聚糖，大部分则不可溶。半纤维素吸水性好，当温度和相对湿度一样时，吸湿率主要取决于半纤维素的含量，含量高吸湿率就高。

1.1.2.3 木质素

木质素是一类复杂的有机化合物，存在于植物细胞壁中。它在植物界的含量仅次于纤维素，广泛地分布于高等植物中，是裸子植物和被子植物所特有的化学成分。木质素是苯基类丙烷聚合物，具有复杂三维结构。从化学结构上看，既具有酚的特征，又具有糖的特征，形成的聚合物结构十分复杂。另外，木质素存在于细胞壁中，很难与纤维素分离。由于环境影响，生理功能不同，细胞壁常常沉积其他物质，发生物理和化学性质的变化，如木质化、木栓化、角质化、黏质化及矿质化。其中，木质化是指由于细胞产生的木质素沉积而变得坚硬牢固，增加了植物支持重力能力，树干内部的木质细胞即是木质化的结果。由 X 射线衍射可知，木质素属于非晶体，没有熔点，只有软化点。目前认为木质素以苯丙烷为主体结构，共有 3 种基本结构（非缩合型结构），即愈创木基结构、紫丁香基结构和对羧苯基结构。当温度在 70 ～ 110℃时木质素开始软化，其黏合力开始增加。当温度达到 200 ～ 300℃时可以熔融，在此温度下给秸秆等生物质施加一定的外力，原料颗粒开始重新排列位置关系，并发生机械变形和塑性流变。

1.1.3 秸秆成分

农作物秸秆除富含碳水化合物外，还含有氮、磷、钾、钙、镁、硅等植物生长必需或有益的元素，秸秆元素含量如表 1–1 所示，将秸秆归还农田，不仅起到改良土壤、增加土壤固碳等作用，还可以弥补因作物生长吸收养分引起的土壤矿物质缺失。

表 1–1 农作物秸秆元素含量

燃料种类	工业分析成分				元素组成（%）						低位热值（kJ/kg）
	水分	灰分	挥发酚	固体碳	H	C	S	N	P	K	
玉米秆	6.10	4.70	76.00	13.20	6.00	49.30	0.11	0.70	2.60	13.80	17 746
玉米芯	4.87	5.93	71.95	17.25	6.00	47.20	0.01	0.48	—	—	17 730
麦秆	4.39	8.90	67.36	19.32	6.20	49.60	0.07	0.61	0.33	20.40	18 532
稻草	3.61	12.20	67.80	16.39	5.30	43.30	0.09	0.81	0.15	9.93	17 636
稻壳	5.62	17.82	62.61	13.95	6.20	43.40	0.40	0.30	—	0.60 ～ 1.60	18 017
杂草	5.43	9.40	68.72	16.40	5.24	41.00	0.22	1.59	1.68	13.60	16 204
豆秆	5.10	3.13	74.56	17.12	5.81	44.79	0.11	5.85	2.86	16.33	16 157
花生壳	7.88	1.60	68.10	22.42	6.70	54.90	0.10	1.37	—	—	2 117

（续表）

燃料种类	工业分析成分				元素组成（%）						低位热值（kJ/kg）
	水分	灰分	挥发酚	固体碳	H	C	S	N	P	K	
高粱秆	4.71	8.91	68.90	17.48	6.09	43.63	0.01	0.36	1.12	13.60	15 066
棉秆	6.78	3.97	68.54	20.71	5.70	49.80	0.22	0.69	–2.1	24.70	18 089

1.1.4 秸秆热值

不同秸秆的燃烧热值如表 1–2 所示。

表 1–2 不同秸秆的燃烧热值

秸秆种类	麦类	稻类	玉米	大豆	薯类	油料	棉花
热值（kJ/kg）	14 650	12 560	15 490	15 900	14 230	15 490	15 900

1.1.5 秸秆捆

秸秆捆分为大方捆、小方捆、大圆捆、小圆捆。大方捆质量为 820 ～ 910kg，密度为 240kg/m³；小方捆质量为 14 ～ 68kg，密度为 160 ～ 300kg/m³；小圆捆质量为 18 ～ 20kg，密度为 115kg/m³；大圆捆质量为 600 ～ 850kg，密度为 110 ～ 250kg/m³。

如图 1–2 所示，方捆主要经过捡拾、输送、压缩、打结等流程被打成捆。秸秆从田地被捡拾器捡起，连续不断地输送到压缩室，利用压缩活塞将秸秆压缩，每次压缩结束后，就会形成一个秸秆压缩片。随着秸秆连续不断喂入，秸秆压缩片会逐渐累积而增长，当秸秆捆长度达到设定值时，打结系统开始工作，形成一个完整的秸秆方捆。

如图 1–3 所示，圆捆主要是经过捡拾、输送、成型钢辊压缩、捆绳等流程被打成捆。利用高压风机将粉碎后的秸秆输送到打捆机的成型室，成型室内的成型钢辊沿着同一个方向不停地转动，实现打捆。在打捆机的另一侧，安装有液压系统，当完成绕绳打捆之后，液压系统开始工作，后舱开启，实现放捆作业，形成一个完整的秸秆圆捆。

图 1–2 方捆

图 1–3 圆捆

方捆打捆机工作效率较高，可以连续工作。秸秆捆体积小、密度大，方便运输与储藏，适用于各种秸秆的打捆作业。圆捆打捆机结构相对简单，不需要装配打结器，所以圆捆打捆机的故障少，机具成本较低，体积也小，所需配套动力小。

1.2 秸秆禁烧管控

长期以来，中国农村地区主要依靠秸秆、薪柴等生物质来提供家庭生活基本能源。农村随处可见被打包收集的稻草垛、麦秸垛等，这些农作物秸秆或用于生活燃料，喂养牛、羊等牲畜，堆沤肥还田等，或作为编制床垫、座垫、草席、扫帚、簸箕、锅盖等日常生活用品的主要原材料。对于农村巨大的秸秆消耗量来说，秸秆供不应求的现象时有发生。进入 20 世纪 90 年代，中国秸秆表现出“相对过剩”，一方面，20 世纪 90 年代初中国秸秆的燃用需求量基本达到饱和；另一方面，自 20 世纪 90 年代以来，伴随作物育种、植物保护、作物栽培、农业机械等农业科技的快速发展及应用，中国农作物连年丰收，秸秆总产量相应呈现上升趋势，且随着工业化进程的加快，中国城市化水平快速提高，越来越多的农村人口向城镇转移，电力和液化气等商品能源也开始进入农村，秸秆、薪柴等传统生物质能源逐渐被煤、液化石油气、电力等相对清洁、高效的能源替代。此外，农村生产生活方式发生改变，传统农业逐渐向现代化农业转变，各种农业机械迅速应用，取代了牛耕等传统方式，用作喂养牛、羊等牲畜的秸秆和大量以秸秆为原料的农家肥逐步被商品饲料和化肥替代，秸秆作为燃料、饲料、肥料和手工原料的传统用途被弱化。如图 1–4 所示，秸秆产量的迅速增加和其在农村的用途弱化，直接导致秸秆成为农民无法处理的“包袱”。

图 1–4 秸秆焚烧

1.2.1 发达国家秸秆禁烧管控

20 世纪 50—90 年代，发达国家存在比较严重的秸秆焚烧现象，经过近 40 年的立法与管控，发达国家的秸秆焚烧逐步得到控制。其中，英国政府颁布了史上第一部最严厉的有关农作物秸秆禁烧的法规，美国根据《农业焚烧政策》制定烟雾管理计划，日本出台《废弃物管理和公共清洁法》，有效控制秸秆焚烧；欧盟层面设定最低环境标准，部分成员国对秸秆禁烧采取特许豁免制度，允许在一定的条件下依法依规燃烧。

1.2.1.1 美国出台烟雾管理计划

1999 年美国农业部发布《农业焚烧政策》，各州陆续出台了以减轻秸秆焚烧污染为主要目的的烟雾管理计划。焚烧秸秆需根据烟雾管理计划的规定，参加秸秆焚烧管理部门的焚烧培训，提前申请，制定焚烧计划，通过焚烧授权部门审批，并在预定焚烧前还要根据气象条件等因素再进行一次研判。违反规定的焚烧行为会受到国家和州执法部门的处罚。该制度增加了农场主的焚烧成本，使得秸秆焚烧行为看起来不再那么“便捷”，起到了很好的禁烧作用。

1.2.1.2 欧盟国家制定法律法规限制秸秆露天焚烧

欧盟层面未制定统一的秸秆焚烧法规，但欧盟国家普遍制定了严格的法律法规限制秸秆露天焚烧，部分成员国对秸秆禁烧采取特许豁免制度，允许在一定的条件下依法依规焚烧。如法国《农村和海洋渔业法》规定，省长可授权因植物检疫等特许焚烧；奥地利《联邦空气污染法》规定，地方政府可以在特殊情况下通过法令对秸秆禁烧提供豁免，包括有效控制病虫害的焚烧，作为防冻措施和传统民俗活动的焚烧，以及秸秆因干旱无法在土壤中腐烂时为种植作物而采取的必要焚烧；比利时《环境法》规定，在植物检疫或无法通过其他方式处理农业废弃物等特殊情况下，可以焚烧处理。

1.2.1.3　日本出台《废弃物管理和公共清洁法》

日本依据《废弃物管理和公共清洁法》对秸秆焚烧实施管理，规定除因风俗习惯和宗教活动、农业生产病虫害防控、篝火及其情节轻微的废弃物焚烧之外，禁止其他一切露天焚烧行为。一旦违规，当事人将会被处以徒刑或罚款，严重时也可两者并罚。

1.2.1.4　英国政府颁布法规管控秸秆焚烧

英国政府在 1993 年 6 月颁布了有关农作物秸秆禁烧的法规。一是限制焚烧种类。规定禁止焚烧除亚麻以外的任何农作物秸秆，但开展教育研究、病虫害控制、处理破损的秸秆捆包等情况除外。二是限制焚烧时间。在日落之前一个小时，周六、周日和公共假日等不允许焚烧秸秆。三是限制焚烧地点。树林、电线杆、住宅、建筑物、公路、铁路等附近一定距离内不允许焚烧秸秆。四是规定焚烧程序。需提前 24 小时内通知环境卫生部门、邻近处所的所有者、附近航空交通管制部门、当地消防部门。同时，焚烧现场要由至少两名负责任的成年人进行监督，配备灭火用水和灭火器等消防工具。

1.2.2　国内秸秆禁烧管控

目前，全国有一半以上的省（区、市）实行全域禁烧，分别为北京、天津、河北、山西、内蒙古、吉林、黑龙江、上海、江苏、浙江、江西、山东、河南、湖北、海南、西藏、甘肃。湖北自 2015 年 5 月 1 日起，实行全域禁止露天焚烧秸秆，各市（县）通过扣缴生态保护补偿金和缴纳秸秆禁烧保证金等制度进行禁烧管控。安徽将认定的火点纳入省政府对市级目标管理绩效考核、乡村振兴战略实绩考核。

1.3 秸秆利用的历史

秸秆的历史是人与秸秆的关系史，也是人们认识秸秆和利用秸秆的历史，秸秆是农业生产的主要产物，农作物种类及历史演变也反映了农作物秸秆的种类及历史演变。人们在农业生产实践的历史长河中，对秸秆的认识不断加深，处理和利用秸秆的途径不断拓展，但在秸秆的诸多用途中，作为燃料的用途一直是占主导地位的（图 1–5）。

图 1–5 秸秆作为农村取暖燃料

自古以来，中国农村地区主要以传统生物质能（秸秆、薪柴）作为家庭主要的燃料来源。截至 20 世纪 70 年代，仍占农村生活用能的 70% ～ 80%。随着社会经济的高速发展，能源体制改革的不断推进，中国农村能源消费结构发生了巨大变化。1980 年的秸秆消费量约为 11 200 万 t 标准煤，占农村生活能源消费总量的 34%。自 1991 年以来作物秸秆消费量下降，但其总量仍然占农村生活能源消费量的 30% 以上。受经济、社会、环境等诸多因素影响，不同地区能源消费结构差异比较大，北方由于取暖耗能多，农村秸秆消费总量高于其他地方。以吉林为例，2010 年左右，吉林农村年户均能源消费 4.9t 标准煤，年户均使用秸秆约 8.1t（4.3t 标准煤），用于炊事和取暖的秸秆分别为 3.6t（1.9t 标准煤）和 4.5t（2.4t 标准煤），秸秆燃料消费占全部能源消费的 87%。

1.4 秸秆利用的现状

1.4.1 秸秆多样化利用技术

秸秆是一种重要的生物质，其资源禀赋决定了秸秆可以多样化利用（图 1–6）。

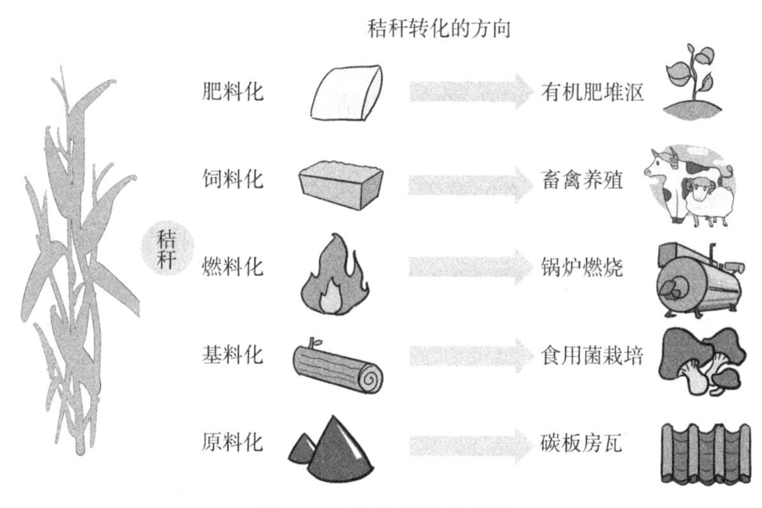

图 1–6 秸秆多样化利用

1.4.1.1 秸秆肥料化利用技术

秸秆的肥料化利用是秸秆最古老的利用方式之一。早在汉代《汜胜之书》中就提到利用秸秆等植物腐殖质肥田。在传统农业年代，秸秆肥料化主要指秸秆直接还田（含覆盖还田）和堆沤还田。随着农业机械和农业生物技术的发展，这些传统技术得到进一步深化。直接还田从手工操作方式发展到机械收割粉碎混埋还田、翻埋还田。此外，针对两季作物茬口紧，需加速解决秸秆腐解的实际问题，在直接还田基础上施用秸秆腐熟剂，形成秸秆腐熟还田模式。2006 年农业部大力推广秸秆腐熟还田。堆沤还田是秸秆肥料化利用的另外一种主要还田方式。从简单的田间地头堆沤发展到现在的工厂化堆肥。秸秆有机肥主要利用秸秆高碳氮比特征，将高碳氮比的秸秆与一些低碳氮比的物料如猪类物料等混合，进行工厂化堆肥，最后生产出符合国家标准的商品有机肥。在中国北方温室，一般将秸秆堆肥技术、秸秆腐熟剂技术结合起来，形成秸秆生物反应堆技术。在秸秆生物反应堆中，秸秆在好氧条件下，经腐熟剂作用，被分解为二氧化碳、有机质、矿物质等，产生一定的热量，从而提高大棚土壤肥力、棚内温度及二氧化碳浓度，促进作物生长。

1.4.1.2　秸秆饲料化利用技术

与秸秆肥料化利用一样，中国秸秆饲料化利用历史悠久，以秸秆养畜、过腹还田为纽带的农牧结合，早已成为中国农业的优良传统。1992 年，鉴于中国人多地少、粮食形势严峻的国情，中国提出走节粮型畜牧业发展的道路，决定实施秸秆养畜示范项目。1996 年，在秸秆养牛取得成功的基础上，进一步将秸秆养畜的范围扩大到养羊和其他草食家畜上。时至今日，秸秆养畜示范项目已实施了 30 多年，饲料化利用已成为秸秆综合利用的主要方式之一。秸秆饲料化利用的传统技术主要包括直接利用、青贮和氨化，在利用生物工程技术研发秸秆处理微生物菌种、秸秆饲料化调制的设施及工程技术、秸秆加工方法都取得较大进展。现在秸秆饲料化利用的主要技术除青（黄）贮、碱化 / 氨化外，压块技术、揉搓丝化加工技术、微贮技术均得到广泛应用。

1.4.1.3　秸秆燃料化利用技术

秸秆燃料化利用技术可以归纳为“四化一电”，即秸秆固化、秸秆气化、秸秆炭化、秸秆液化和秸秆发电。其中，秸秆气化又可分为厌氧消化（沼气）和热解气化，秸秆液化又可分为水解液化（纤维素乙醇）和热解液化，故又可简称为“六化一电”。“四化一电”技术中，秸秆液化技术中的秸秆水解纤维素乙醇处于试生产阶段，热解生物质油尚处于试验研究阶段，其利用秸秆量可以忽略不计。

1.4.1.4　秸秆基料化利用技术

主要指利用秸秆生产食用菌或利用秸秆作为栽培基质。秸秆生产食用菌主要是利用秸秆中的大量半纤维素、纤维素和木质素。食用菌菌丝在秸秆基质中分泌大量胞外酶，可以将粗纤维转化为人类可食用的优质蛋白，同时菌丝体自身也获得营养和能量。目前利用秸秆生产的主要食用菌有双孢蘑菇、草菇、鸡腿菇、大球盖菇、香菇、平菇、金针菇、茶树菇等。秸秆作为栽培基质除利用纤维素类物质外，也利用了其物理性质，即疏松、容重较轻、保水保温性较好。

1.4.1.5 秸秆原料化利用技术

秸秆原料化利用途径较多，中国古代广泛应用秸秆做各种原料，如利用秸秆的韧性，将秸秆做编织的原料或盖草房的原料，将秸秆与泥巴混合后做建筑和治河的原料；利用秸秆的柔软性，将秸秆作铺卧垫草；利用草木灰的碱性，将草木灰水作洗涤剂。中国四大发明之一的造纸，其主要原料即为麦秆和稻草。现代秸秆原料化利用，主要是利用秸秆的纤维，制作人造板材、制浆造纸及生产发泡缓冲材料、餐饮具、包装容器、木糖醇等。

秸秆利用技术多种多样，但每种利用途径都有优缺点。在一个特定的地方，应根据种植业、养殖业特点和秸秆资源的数量、品种，结合秸秆利用现状，选择适宜的利用方式。

1.4.2 发达国家秸秆综合利用

在加强禁烧管控的同时，国外发达国家积极推动秸秆综合利用，因地制宜推进秸秆科学还田和高效离田，提升秸秆综合利用水平，实现“以禁促用”。国外秸秆利用方式总体上可分为两大类，一是以秸秆还田利用作为主导方式；二是以秸秆离田产业化利用作为重要补充。欧美的各个国家一般将 2/3 左右的秸秆用于直接还田，1/5 左右的秸秆用作饲料，秸秆循环利用率达到 80% ～ 90%。

1.4.2.1 秸秆还田循环利用

（1）秸秆直接还田。直接还田就是把作物秸秆直接翻耕入土或覆盖地表，美国秸秆直接还田量占秸秆总产量的 68%；加拿大秸秆 2/3 以上用于直接还田；英国秸秆直接还田量占秸秆总产量的 73%；日本水稻秸秆 2/3 以上用于直接还田，1/5 左右用作牛饲料或养殖场垫料。秸秆覆盖保护性耕作是国外旱作农业区秸秆还田的重要方式。

（2）秸秆养畜过腹还田。过腹还田就是通过将秸秆饲料喂养食草牲畜，产生粪便做有机肥施入田间。国外秸秆饲料化处理途径主要有生物处理、物理处理和化学处理 3 种。美国西部大规模推广将稻草、麦秸、高粱秆等农作物秸秆进行氨化处理，其蛋白质含量提高了 30%，消化率可达到 50%；西欧各国多采用打捆氨化饲料化处理。

（3）“秸—（畜）—沼—肥”循环利用模式。“秸—沼—肥”与“秸—畜—沼—肥”都是沼气生产的秸秆循环利用模式。德国、瑞典、奥地利等欧洲国家沼气发展水平比较先进，沼气工程一般建在种养结合的农场，有足够的农田直接消纳沼渣、沼液。采用混合原料发酵，比例大致为玉米、大麦等秸秆 49%，畜禽粪便 43%，有机生活垃圾 7%，工业有机废弃物 1%。德国沼气工程发电量占全国总发电量的 3.4%。

（4）“三合制”施肥制度。世界上农业发达的国家十分注重施肥结构，多采用“秸秆直接还田 + 厩肥 + 化肥”的“三合制”施肥制度，一般秸秆直接还田和厩肥施用量占施肥总量的 2/3 左右。美国和加拿大的土壤氮素 3/4 来自秸秆和厩肥；德国每施用 1.0t 化肥，要同时施用 1.5 ～ 2.0t 秸秆和厩肥。

1.4.2.2 秸秆离田产业化利用

（1）秸秆发电。丹麦是世界上最早应用秸秆发电的国家，秸秆发电技术已被联合国列为重点推广项目，全国建成秸秆生物燃料发电厂 130 多家，秸秆发电等可再生能源占到全国能源消费量的 24% 以上。截至 2023 年，中国、美国、巴西及欧洲等国家和地区农林废弃物等生物质及垃圾发电装机容量占全球的 3/4 以上。

（2）秸秆成型燃料。秸秆成型燃料可替代煤炭。欧美的各个国家生产的颗粒燃料，不仅供给生物质发电厂和供热企业，而且还以袋装的方式在市场上销售，为城乡居民家庭提供生活燃料。各国还分别开发了与生活、生产实际需求相适应的生物质固体成型燃料采暖炉和热水锅炉，以及配套的自动上料系统。

（3）秸秆板材。秸秆板材制品主要包括人造板、墙体板、包装材料等，用于制造无醛家具等。美国是以麦秸和稻草秸秆人造板研发和生产较强的国家；加拿大、比利时、瑞典、德国、俄罗斯等国也在积极开发秸秆人造板，并制造出了多种规格的产品。

（4）秸秆建筑。秸秆既能够作为建筑的填充料，也能够将压制好的秸秆切块作为非承重墙的墙体，形成框架结构的秸秆建筑。欧美的发达国家利用秸秆等材料建造样板建筑，2023 年英格兰、挪威和法国共有秸秆建筑约 400 座。

（5）秸秆纤维素乙醇。纤维素乙醇技术是利用秸秆、干草、树叶等植物纤维材料，将纤维素、半纤维素经酶解转化为糖，然后再经发酵生成乙醇。目前该行业处于商业化初期、产业化示范阶段，国内外已建有多个生产示范项目，主要受秸秆原料降解困难、预处理工艺复杂、能耗高、酶的成本高等技术限制，生产成本较高，普遍处于停产或半停产状态。

1.4.3 国内秸秆综合利用

国内秸秆综合利用正在不断发展和进步。近年来，随着环保意识的提高和可再生能源的推广，秸秆的综合利用逐渐受到重视。

安徽通过增强秸秆产业化利用、完善秸秆收储体系、壮大秸秆综合利用主体、丰富秸秆综合利用产品等方式，使秸秆综合利用率不断提升，秸秆产业化利用占比超过 60%；构建乡镇有标准化收储中心、村有固定收储点的“1+X”秸秆收储体系。

湖北万华生态板业（荆州）有限公司是国内拥有自主知识产权，生产农作物秸秆板材的高新技术企业，集产、学、研于一体的高科技集团化公司，也是中国秸秆板材产业的发源地，年消耗各类农作物秸秆 30 万 t 以上，成功地将传统资源消耗型人造板企业转变成资源综合利用型人造板产业，计划用 3 ～ 5 年时间，建设 20 个绿色大家居产业集群，形成年产 500 万 m^3 生态秸秆板的生产能力。

在秸秆综合利用补贴政策方面，黑龙江从 2019 年开始整合有关资金，加大资金补贴扶持力度，在秸秆还田、秸秆离田利用和离田后的残余物处理等方面进行补贴。北大荒集团充分发挥统一管理的体制和机制优势，强化秸秆禁烧管控和秸秆综合利用力度，200 马力以上大型拖拉机配套大型联合整地机具数量充足，将秸秆直接还田作为秸秆综合利用的主要措施。

1.5 秸秆利用量的计算

1.5.1 秸秆产生量

秸秆产生量即某地区农作物秸秆的年度总产量，表明理论上该地区每年可能拥有的农作物秸秆资源量。该指标由粮食产量、草谷比等指标计算得到。计算公式如下：

产生量 = 粮食产量 × 草谷比

不同区域主要农作物草谷比推荐值见表 1–3。

表 1–3　不同区域主要农作物草谷比推荐值

区域	作物	草谷比
全国	早稻	0.93
	中稻及一季晚稻	1.00
	双季晚稻	1.06
	小麦	1.22
	玉米	1.01
	马铃薯	0.16
	甘薯	0.26
	木薯	1.81
	花生	1.26
	籽用油菜	1.86
	大豆	1.19
	棉花	2.95
	甘蔗	0.06
东北区	中稻及一季晚稻	1.10
	玉米	0.91
	马铃薯	0.04
	花生	0.73
	大豆	0.93
华北区	中稻及一季晚稻	1.07
	小麦	1.28
	玉米	1.04
	马铃薯	0.13
	甘薯	0.22

1.5.2　可收集量

可收集量是指通过现有收集方式可供实际利用的农作物秸秆的数量。在农产品收获过程中，许多农作物需要留茬收割；在农作物生长过程中，尤其是在收获过程中，多数农作物都会有一定量的枝叶脱离其植株而残留在田中；在秸秆运输过程中也会有部分损失，因此并不是所有的秸秆都能够被收集起来。

可收集量由粮食产量、草谷比、可收集系数等指标计算汇总得到。计算公式如下：

可收集量 = 粮食产量 × 草谷比 × 可收集系数

不同区域秸秆可收集系数推荐值见表 1–4。

表 1–4　不同区域秸秆可收集系数推荐值

区域	作物	机械收获系数	人工收获系数	收集率
全国	早稻	0.65	0.92	0.97
	中稻及一季晚稻	0.78	0.85	0.96
	双季晚稻	0.70	0.88	0.96
	小麦	0.81	0.91	0.96
	玉米	0.95	0.97	0.98
	马铃薯	—	—	0.98
	甘薯	—	—	0.98
	木薯	—	—	0.98
	花生	—	—	0.98
	籽用油菜	0.86	0.82	0.95
	大豆	0.89	0.91	0.95
	棉花	1.00	0.93	0.96
	甘蔗	—	—	—
东北区	中稻及一季晚稻	0.83	0.95	0.96
	玉米	0.94	0.97	0.95
	马铃薯	—	—	—
	花生	—	—	—
	大豆	0.89	0.91	0.95
华北区	中稻及一季晚稻	0.88	0.87	0.96
	小麦	0.80	0.89	0.96
	玉米	0.97	0.96	0.96
	马铃薯	—	—	0.98
	甘薯	—	—	0.98
	花生	—	—	0.98
	大豆	0.87	0.91	0.95
	棉花	0.96	0.97	0.96

1.5.3 秸秆利用量

秸秆利用量是指某地区所产秸秆在某一自然年度被利用掉的总量。秸秆利用量既包括在本地区直接利用的自产秸秆，也包括本地区所产秸秆被调出本地区后再被利用的量，但不包括由外地调入本地利用的秸秆。计算公式如下：

秸秆利用量 = 市场主体规模化利用量 + 农户分散利用量 + 直接还田量 + 区域调出量 – 市场化主体调入量

1.5.4 综合利用率

综合利用率即秸秆利用量占可收集量的比例（%），0 ≤秸秆综合利用率≤ 100%。该指标考察本地产秸秆的利用水平。计算公式如下：

秸秆综合利用率 = 秸秆利用量 ÷ 可收集量 ×100%

1.5.5 燃料化利用量

燃料化利用量 = 市场主体燃料化利用量 + 农户燃料化利用量

1.6 秸秆燃料化利用

秸秆燃料化利用技术是指通过物理、化学或生物化学等方法，将秸秆转化为燃料的过程。秸秆燃料化利用技术是近些年迅速发展起来的生物质能利用新技术，是实现替代煤、石油、天然气等常规能源燃料的技术路径。

从秸秆本身看，秸秆具有可再生、可持续的特点，作为含碳可再生能源，被认为是理想的代煤燃料。利用秸秆这一特征，发展秸秆燃料化利用技术，遵循“宜电则电、宜气则气、宜煤则煤、宜热则热”的原则，推进多种清洁可再生能源替代，符合我国北方地区农村资源禀赋特点，利于解决秸秆焚烧问题。同时，发展秸秆燃料化利用技术，有利于改善农村能源消费结构，缓解区域能源供需压力，有利于构建现代生态循环农业体系，节能减排效果明显。

秸秆燃料化技术利用开发，根据终端“热、电、油、气”产品，主要可以分为秸秆直燃、秸秆固化、秸秆气化、秸秆液化等 4 个方向。

2 秸秆直燃利用模式

2.1 生物质电厂秸秆直燃利用模式

秸秆焚烧是近年来造成北方地区大范围雾霾的重要原因之一，随着农作物产量的大幅度提升，秸秆处理成为一大难题，大规模的秸秆焚烧屡禁不止。生物质发电具备碳中和效应，通过集中燃烧发电并安装除尘及脱硫脱硝的设备，有助于降低污染物排放，促进大气污染防治。秸秆作为一种低碳、低硫的清洁可再生能源，由于其总量大、利用量低、开发潜力大，将其用于发电不仅可以解决中国与日俱增的供电需求和大气污染问题，还可以提高农民收入。

2.1.1 运行模式

2.1.1.1 模式组成

生物质直燃发电就是将生物质直接作为燃料进行燃烧用于发电或者热电联产，如图 2–1 所示。炉、机、电是生物质发电厂中的主要设备，亦称三大主机。辅助三大主机的设备称为辅助设备，简称辅机。主机与辅机及其相连的管道、线路等称为系统。锅炉是进行燃料燃烧、传热和使水汽化 3 种过程的装置，在锅炉中，燃料的化学能转变为蒸汽的热能。汽轮机是以蒸汽为工质的旋转式热能动力机械，与其他原动机相比，它具有单机功率大、效率高、运转平稳和使用寿命长的优点，在汽轮机中，蒸汽的热能转变为轮子旋转的机械能。在发电机中机械能转变为电能。

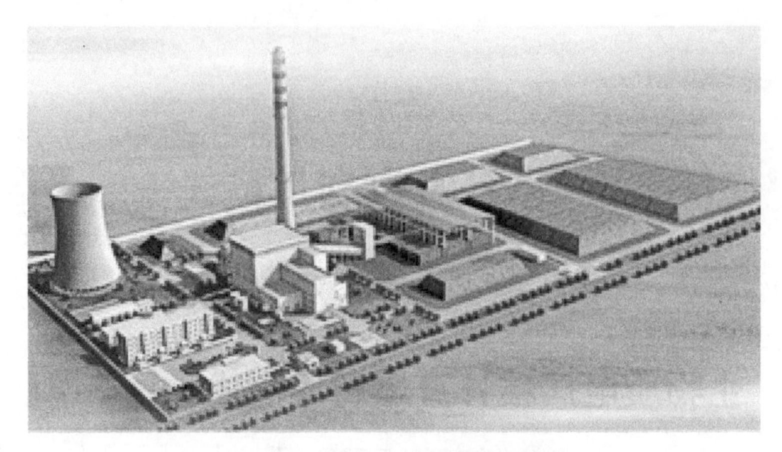

图 2-1　生物质直燃发电示意图

秸秆直接燃烧具有以下特点。

（1）秸秆燃烧所放出的 CO_2 大体相当于其生长时通过光合作用所吸收的 CO_2，因此可以认为是 CO_2 的零排放，有助于缓解温室效应。

（2）秸秆燃烧产物用途广泛，灰渣可加以综合利用。

（3）秸秆燃料既可以减少运行成本，提高燃烧效率，又可以降低 SO_2、NO_x 等有害气体的排放浓度。

（4）采用秸秆燃烧设备可以最快速度实现各种生物质资源的大规模减量化、无害化、资源化利用，而且成本较低。因而秸秆直接燃烧技术具有良好的经济性和开发潜力。

2.1.1.2　技术原理

生物质的直接燃烧可分为 3 个阶段，即预热起燃阶段、挥发分燃烧阶段和炭燃烧阶段。

直接燃烧发电的过程是：在生物质燃烧之前，经过预处理过程。这个过程包括分选、混合成型、干燥。经过预处理的生物质与过量空气在锅炉中燃烧，产生的热烟气和锅炉的热交换部件换热，产生出的高温高压蒸汽在汽轮机和发电机中发出电能。通常，在凝汽式循环中只发电，而在抽汽或背压式循环中可以实现热电联产。直接燃烧生物质电站中，除凝汽和热电联供应用方式存在不同外，使用的蒸汽轮机和发电机没有大的差别。

2.1.1.3 主要设备

生物质直接燃烧发电的关键技术设备是燃烧锅炉。目前，基于生物质的直燃发电机组，工程实践中使用比较多的有层燃锅炉和循环流化床锅炉。层燃锅炉主要包括固定炉排锅炉、链条炉排锅炉、往复炉排锅炉和循环流化床锅炉。

（1）固定炉排锅炉。针对燃用棕榈壳、棕榈纤维等生物质燃料的固定炉排锅炉，由于棕榈壳质量轻、挥发分高、灰分低、燃烧温度较高，炉排整体呈前低后高倾斜式配置，炉排材料选用耐热铸铁，耐热温度高达1 150℃。炉排片由水冷管支撑，在保证燃料充分燃烧的基础上，冷却炉排片，防止炉排片因高温过热损坏。同时，一次风从炉膛底部风道通过炉排上的通风孔进入炉膛，既调节炉膛配风，又可以冷却高温炉排，延长其使用寿命，一次风系统配置在炉膛前墙进料口下部、炉膛后墙的中部以及炉排后顶部，以确保燃料稳定及充分地燃烧。布置在炉膛后墙的二次风还可以将燃尽的生物质燃料吹落至出渣口，避免结焦问题。

（2）链条炉排锅炉。针对以木屑生物质成型颗粒作为燃料的链条炉排锅炉，采用垂直型布置，以增强蓄热与热辐射，后拱由传统的倾斜式改为水平阶梯式，简化结构，节省材料，便于安装，同时可增加炉膛的辐射受热面积。在前墙上以一定的距离布置若干二次风管，长度沿水平方向延伸至炉排中心上部。在二次风管上按固定的间距布置一定数量的二次风喷口，方向垂直向下，如同笛子形。锅炉运行时，二次风从笛子形二次风管口垂直向下吹入炉膛，与从后拱以一定角度过来的高温烟气相遇，在炉排上燃区燃料层形成“a”形气流扰动区，加强炉膛中的辐射换热。同时延长生物质燃料在炉膛内的停留时间，有利于燃料的充分燃烧，增加燃烧效率，两者都有助于提升锅炉整体热效率。

（3）往复炉排锅炉。针对以打捆的秸秆为燃料的往复炉排锅炉，炉膛为三拱结构，后拱从炉膛后墙延伸至炉膛拱墙并竖直向上设置挡火墙。沿着烟气流动方向，在后拱挡火墙之后设置竖直向下的挡火墙作为中拱，从而将炉膛分为3个燃烧室。前拱与后拱之间的区域为第一燃烧室，后拱与中拱之间的区域为第二燃烧室，中拱与炉膛后墙的区域为第三燃烧室，此炉膛结构使得烟气进行“S”形流动，延长了烟气在炉膛内的行程，增加了滞留时间，使得燃烧更加充分，燃烧效率更高。同时将进料口上墙向外延伸足够的长度，在进料口设置与进料口铰链连接的炉门来防止回火。

（4）循环流化床锅炉。由于循环流化床锅炉炉膛中布置循环床料，温度高达800℃，具有蓄热量大，循环倍率高的优点。即使生物质燃料水分较高，也能正常着火燃烧。而且燃料随着床料在炉膛内不断循环，确保了燃料能够充分进行燃烧，因此循环流化床锅炉是公认较适用于燃烧生物质的锅炉。但由于生物质燃料挥发分较高、灰分偏低，使得循环流化床锅炉自身循环床料量低于正常水平。此外，由于生物质中含有较多的碱金属和氯元素，容易出现积灰、堵灰问题，进而造成受热面的高温和低温腐蚀。

2.1.1.4 布局要求

2008年环保部等相关部门就生物质电厂选址问题做出了明确规定。

（1）建设生物质发电项目应充分结合当地特点和优势，合理规划和布局，防止盲目布点。

（2）秸秆发电项目原则上应布置在农作物相对集中地区，要充分考虑秸秆产量和合理的运输范围、运输半径。

（3）林木生物质发电项目原则上布置在重点林区。

（4）厂址选择符合当地农林生物质直接燃烧和气化发电类项目发展规划。

（5）厂址用地应符合当地城市发展规划和环境保护规划，符合国家土地政策。

（6）城市建成区、环境质量不能达到要求且无有效削减措施的或者可能造成敏感区环境保护目标不能达到相应标准要求的区域，不得新建农林生物质直接燃烧和气化发电项目。

2.1.2 典型示范

2.1.2.1 山西省洪洞国耀兆林新能源有限责任公司生物质热电联产项目

如图2–2所示，洪洞国耀兆林新能源有限责任公司生物质热电联产项目位于山西省洪洞县赵城工业园区，总投资5.2亿元，占地面积约200亩[①]，2021年建成并投入运营。主要建设1台130t/h高温超高压再热循环流化

注：①1亩≈667m²，全书同。

床锅炉、配套一台30MW级超高压凝汽式汽轮发电机组。该项目每年处理农林业废弃物约30.8万t，秸秆来源覆盖洪洞县全境。

图2–2 生物质热电联产项目示意图

该项目的主导产品是电和热。收集的秸秆通过打包、粉碎预处理后进入锅炉内充分燃烧，使储存于生物质燃料中的化学能转变成热能，锅炉内产生的饱和蒸汽在过热器内继续加热成过热蒸汽进入汽轮机，驱动汽轮发电机组旋转，将蒸汽的内能转换成机械能，最后由发电机将机械能变成电能。供热主要是利用发电余热加热热网循环水，一定温度压力的循环水通过热网循环泵增压后送往热力公司管网系统，热力公司负责分配给热用户。该公司自2021年5月19日完成全容量并网发电，11月15日开始供热，供热效果良好，锅炉运行稳定。

该项目2022年实现年收入1.53亿元，实现净利润1 286万元。项目每年可提供清洁电量2.1亿kW·h，年供热量62.2万GJ，向赵城镇三维生活区提供约100万m^2的清洁热源。项目间接带动当地2 000余人就业，年消耗当地农林业废弃物约30.8万t，有效缓解了秸秆直接焚烧现象，减少了大气污染，改善了生态环境。

2.1.2.2 黑龙江省克东县恒诚生物质发电项目

如图2–3所示，黑龙江省克东县恒诚生物质能源综合利用有限公司占地面积5.2万m^2，注册资本5 000万元，总投资达到约2.5亿元，主要从事生物质热电联产，该企业在2021年荣获齐齐哈尔市人民政府颁发的

"经济发展贡献企业"。

图 2-3　黑龙江省克东县恒诚生物质能源综合利用有限公司

该项目总装机规模为 2×75t/h 循环流化床生物质直燃锅炉 +2×15MW 汽轮发电机组，分两期建设。该项目在生物质 2 炉 2 机运行的条件下，低真空供热可承担 88.4MW 热负荷，供热量可达 120 万 GJ/ 年。同时项目总发电功率最大可达 30MW，年发电量 185 412MWH，发电总收入最高可达 1.23 亿元。总计可消耗生物质农林废弃物 35 万 t 以上，基本可以解决县内秸秆燃烧污染带来的环境问题，同时减少煤炭消耗 8 万 t，节约成本约 4 000 万元，减排二氧化碳 12 万 t/年。公司通过引进先进技术进行烟气排放改造，包括小苏打脱硫以及"SNCR+SCR"的复合脱硝工艺，实现烟气排放浓度稳定在二氧化硫 100mg/m^3、氮氧化物 100mg/m^3、粉尘 30mg/m^3 的排放标准内，并配备烟气自动监测系统进行实时监测，最大限度实现资源的回收清洁利用，实现节能减排。公司对当地农林生物质废弃物的再利用，也为当地创造了一条全新产业链，从打包、压块、储存、运输到破碎燃烧，可提供逾 300 个就业岗位，创造社会效益年约 6 000 万元。于 2020 年开始投产纳税，2020 年实际入库税款 4.79 万元，2021 年实际入库税款 230.74 万元。

2.1.2.3　安徽省裕安区光大生物能源热电联产项目

安徽省裕安区通过推广秸秆全程机械化打捆离田技术，创新秸秆综合利用模式，逐步形成秸秆肥料化、饲料化、基料化、能源化、原料化"五化”并举，从源头上排除秸秆焚烧隐患，改善空气质量，实现经济发展和生态保护“双赢”。丁集、罗集、江店3个乡镇包括复种共种植水稻、小麦、玉米、油菜、豆类、薯类等农作物达30万亩，可收集秸秆12万t，全年秸秆综合利用量达11.5万t左右。裕安区充分挖掘秸秆的价值，探索出秸秆多样化利用方式，串起一条低碳环保、农民增收、企业增效的“绿色产业链”。广大农村告别了秸秆简单粗暴的焚烧还田，利用方式越来越多元化，产生了良好的经济效益和生态效益。

光大生物能源（六安）有限公司坐落在六安高新技术产业开发区，是皖西地区一家大型生物质热电联产企业，拥有一整套秸秆利用现代化设备（图2–4）。公司每年秸秆利用量达10万t，不仅帮助当地农民解决了秸秆处理难题，还给他们带去每亩地100多元的收入，实现经济和环境双重效益。通过生物质锅炉内生物质燃料燃烧，将水烧成蒸汽，为平桥园区近40家企业实行集中供热，能源化利用获利丰厚，年产值超过3 500万元。园区内有25家企业每日蒸汽用量超过150t，另外还有5家企业每日热水用量超过100t，都比其他燃料节省35%以上的成本。

图2–4 光大生物能源热电联产项目

秸秆综合利用能调整能源结构，保护环境。秸秆转化为生物质燃料可改善现有能源结构。2t秸秆燃烧效果相当于1t煤，与烧煤相比，秸秆生物质燃料清洁环保，实现二氧化碳零排放，含硫量≤0.06%，含氮量低，能有效改善空气质量，且廉价高效，同等加热条件的成本比天然气和电还低。秸秆综合利用能够提高土地产出率和资源利用率，增加经济效益。秸秆综合利用可以成为农业产值的重要补充来源。农民出售秸秆，一亩地可增收 80 ～ 100 元，将秸秆制成肥料还田，每亩还可增值 300 ～ 400 元。

2.1.2.4 内蒙古国能赤峰生物发电项目

如图 2–5 所示，国能赤峰生物发电有限公司位于赤峰市松山区安庆工业园区，于 2006 年注册成立，注册资金 17 600 万元，占地 85 000m^2。公司的经营范围为生物质发电，销售电力产品、热力产品、生物质成型燃料，秸秆等农林剩余物的收集、初加工，生物质灰渣综合利用等。于 2007 年 3 月 15 日破土动工，2008 年 12 月 15 日工程竣工投产，平均每年发电量达 9 000 万 kW · h 以上，实现产值 6 000 余万元，利税 1 000 余万元；年消耗玉米秸秆、稻壳等农林废弃物约 12 万 t；每年减少二氧化硫气体排放，约 1 000t；实现二氧化碳接近零排放，并可直接增加农民收入 3 000 多万元。

图 2–5 国能赤峰生物发电项目

生物质直燃发电系统的上料系统由燃料进入电厂卸料后进入炉前料仓，进行燃烧发电。另外厂区的除尘系统，采用丹麦的先进技术，通过布袋除尘器过滤掉，过滤掉的飞灰，也就是草木灰（碳酸钾）含氮、磷、钾等成分，是理想的绿色肥料，与化学肥料相比有利于农田土壤保持。

生物质发电是一轮朝阳产业，是实现经济和环境双重“可持续发展”的重要手段，该公司秉着“以人为本、忠诚企业、奉献社会”的企业发展观念，为赤峰地区及周边村镇带来了丰硕的效益。

2.1.3 效益分析

2.1.3.1 技术经济性分析

近年来，生物质发电项目蓬勃发展，数量和质量都明显提升，以30MW秸秆直燃发电机组为例，直燃发电热效率按25%计算，热电联产热效率按70%计算，秸秆直燃发电能量投入产出比为1∶11.43，能量投入占产出的8.75%，而秸秆热电联产能量投入产出比为1∶31.84，能量投入占产出的3.14%。生物质发电项目规划建设位置主要为城镇周边，加之每千瓦生物质资源消耗量较大，作物秸秆收储半径范围广，导致燃料成本投入较高，区域秸秆供应一旦缺少科学规划，秸秆原料将面临短缺，原料成本最高可占发电总成本的2/3，一般1t秸秆可发电约900kW·h，企业收益按上网补贴电价0.75元/kW·h，企业增值税实际税负11%，企业税后实际电价为0.55元/kW·h，则1t秸秆发电收益约500元，去除电网维护成本，人工、能源消耗等费用，秸秆原料收储运成本盈亏平衡点在240元/t左右，而企业目前秸秆收购价格在210～230元/t，一旦秸秆原料成本价格出现波动，则极易导致企业出现亏损。

2.1.3.2 生态效益分析

（1）二氧化碳减排效益。

①替代煤炭量：

以较常见的30MW生物质发电厂为例，按照1.4kg秸秆发一度电计算，按照各种能源标煤换算系数，1t秸秆相当于0.429t标煤，生物质发电厂年秸秆消耗量为：

$$30\times365\times24\times1.4\div10\,000=36.79\text{ 万 t 秸秆}$$

$$36.79\times0.429=15.78\text{ 万 t 标煤}$$

②电厂锅炉燃煤二氧化碳排放系数：

根据《全球气候变化和温室气体清单编制方法》所述，化石燃料的CO_2排放系数公式是：

$$CO_2\text{ 排放系数}=(C_P-C_S)\times C_O\times44/12$$

式中，C_P为碳含量；C_S为固碳量；C_O为碳氧化率。

C_P取值：碳含量是指燃料的热值和碳排放系数之积。对于煤炭，热值为0.020 9TJ/t。碳排放系数因煤炭种类而各异，按照中国4种煤炭产量加权平均得到平均系数24.74t/TJ。因此，煤炭的碳含量为：C_P=0.020 9TJ/t×24.74t/TJ=0.517。

C_S取值：固碳量是指燃料作非能源用，碳分解进入产品而不排放或不立即排放的部分。在秸秆燃料化利用中，固碳量可不考虑，即C_S=0。

C_O取值：碳氧化率因燃烧装置不同而差异很大，电厂锅炉燃煤燃烧碳氧化率为94.7%，即C_O=0.947。

电厂锅炉燃煤CO_2排放系数：

$$CO_2\text{排放系数}=(C_P-C_S)\times C_O\times 44/12$$
$$=0.517\times 0.947\times 3.67=1.795$$

③二氧化碳减排量：

减排量=排放系数×电厂锅炉燃煤替代量

=1.795×15.78=28.33万t

（2）甲烷减排效益。

①秸秆使用量：

以较常见的30MW生物质发电厂为例，按照1.4kg秸秆发一度电计算，按照各种能源标煤换算系数，1t秸秆相当于0.429t标煤，生物质发电厂年秸秆消耗量为；

$$30\times 365\times 24\times 1.4\div 10\,000=36.79\text{万t秸秆}$$

②秸秆燃烧的甲烷排放系数：

秸秆燃烧CH_4排放系数=干物质率×干物质含碳率×氧化率×碳到CH_4碳的转化率×（CH_4分子量/碳分子量）

根据《中国温室气体排放清单信息库》提供的数据：

秸秆干物质率=0.9，干物质含碳率=0.45，氧化率=0.9，碳到CH_4碳的转化率=0.005，CH_4分子量/碳分子量=1.333。

秸秆燃烧CH_4排放系数=0.9×0.45×0.9×0.005×1.333=0.002 43

③甲烷减排量：

减排量=排放系数×秸秆消耗量

=0.002 43×36.79×10 000=894t

2.1.4 发展评估

秸秆直燃发电技术可实现能源梯级利用，节约能源，不增加污染物和温室气体排放。但是，随着近年来国家政策及项目实际运行，产业发展遇到一系列难题。

首先，中国财税补贴政策出现了较大变化，国家补贴正在逐步退出。根据中国2021年的生物质发电建设工作方案，生物质及燃煤耦合发电不再享受补贴政策；生物质发电项目运行满15年或合理利用小时数满82 500h，将不再享受补贴；现有生物质发电项目补贴开始进行竞价配置，新建生物质发电项目也将严格根据区域资源配置，审批核准也逐渐趋紧。这一系列政策将给生物质发电产业的商业运行带来较大程度的影响。

其次，尽管生物质热电联产模式投入产出效益相对较好，能够在一定程度上缓解企业运营压力，但生物质发电项目工程多在城镇郊区，距离城市热服务用户较远，管网铺设成本投入较高，尤其是各地方均已有长期的供热企业服务协议，生物质热电联产作为近年来的新型技术项目，很难快速进入区域供热市场。

因此，秸秆直燃发电项目建设受国内政策制度影响，近年来很难得到更大的发展，保障现有产能，挖掘产业链条与产品多元化发展，是实现企业可持续运营的关键。一方面需要协调区域供热产业，将秸秆直燃发电余热纳入城镇区域供热服务体系中，另一方面可将秸秆灰渣进行科学利用，在研发生物质炭基肥、育秧基质等农化产品生产制备，减少灰渣二次污染的同时，进一步提升企业效益与农业资源生态价值。

2.2 秸秆直燃锅炉集中供热模式

2.2.1 运行模式

2.2.1.1 模式组成

如图2-6所示，该模式主要利用秸秆直燃锅炉，使用秸秆生物质燃料，实现冬季清洁取暖。秸秆直燃锅炉秸秆消耗利用量大，自然生态耦合性好，与供暖期恰好契合。该模式广泛用于乡、村两级具备集中供热管网的企业、农户采暖，也可以满足乡镇政府、学校、卫生院、政府机关、事业单位等供暖需求，还可以应用于粮食烘干、畜禽舍采暖等农业生产。该模式将秸秆直接送入专用锅炉燃烧，不需要秸秆固化成型等加工生产过程，供热企业秸秆用量大，需要更大的秸秆存储转运场地。

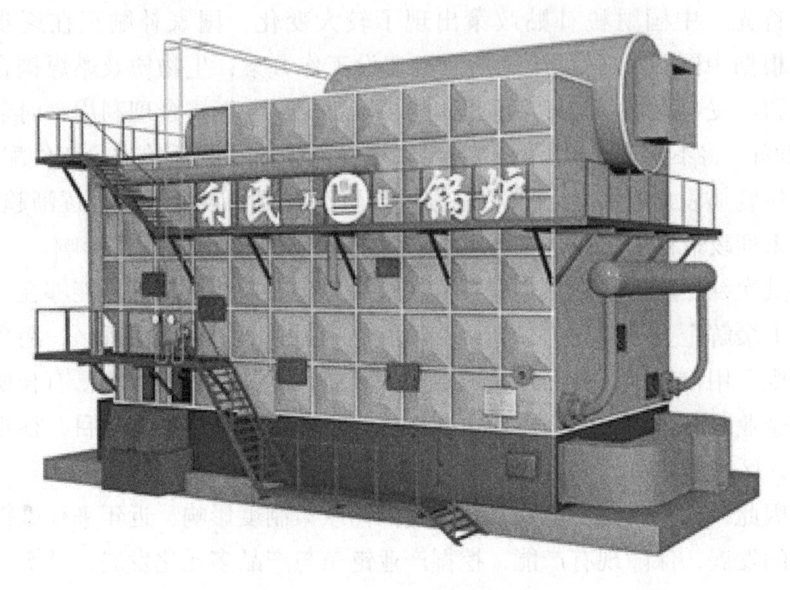

图 2–6 秸秆直燃锅炉

2.2.1.2 技术原理

秸秆直燃锅炉根据逆流燃烧原理，采用二次燃烧技术、半气化逆向燃烧技术，实现间歇性燃烧，持续供暖，填料一次可使用 3 ～ 4h，根据气温日进料 3 ～ 4 次，由水箱温度自动控制进风量，从而控制燃烧速度，当水箱温度达到设定值以后进风停止，处于闷炉状态，水箱温度下降后，自动开启风洞调节阀，再次燃烧。秸秆直燃锅炉对秸秆水分要求低，一般含水 30% 的秸秆大包可直接填入炉膛。由于直燃锅炉企业秸秆用量大，需要较大的秸秆存储转运场地，更适合于乡、村两级具备集中供热管网的企业、农户采暖。该技术模式以秸秆收储运体系为基础，通过秸秆搂草机、收获机、打包机作业，将田间秸秆收集、打捆成圆包或方包后，配送至秸秆直燃锅炉进行集中供热。

（1）成本低廉。只需要将各种农作物秸秆、蔬菜秧棵、杂草、林业废弃物、林产品加工下脚料、蘑菇菌棒、各类生物质打捆后直接燃烧，成本比煤炭、秸秆压块和颗粒低近 50%，秸秆半干以上就可以直接燃烧。

（2）操作简单。实现人机互动和自动化运行，一次装料可自动燃烧

3～4h。

（3）节能环保。秸秆直燃锅炉采用“逆流燃烧理论和二次燃烧技术”，燃烧效率高，秸秆燃烧充分，配置专用复合除尘装置，烟尘排放远远低于国家环保部门及地方区域标准要求。

（4）热效率高。超强转化系统，传热速度快，锅炉热效率高。

（5）运行安全。秸秆直燃锅炉属于常压锅炉，不存在爆炸的安全隐患，且因为秸秆的含硫量低，燃烧后对炉体和排烟系统腐蚀性小，锅炉使用寿命最低20年。

2.2.1.3 主要设备

由于秸秆与煤燃烧比较相似，因此一些秸秆直燃锅炉与燃煤锅炉结构也比较相似，层状燃烧锅炉也是秸秆直燃锅炉最为相似炉型，根据生物质秸秆的燃烧特点，秸秆直燃锅炉具有一些独特的结构。

（1）锅炉本体。锅炉本体是由锅壳和炉膛等组成，炉膛顶部设置有锅壳、后拱、前拱，隔离墙把炉膛分成3个燃烧室，分别是半气化燃烧室、强化燃烧室、固定碳燃烧室。后拱固定在炉膛后端，前拱固定在炉膛前端，隔离墙固定在后拱与前拱之间。半气化燃烧室是由隔离墙、前拱与炉膛围成的，强化燃烧室是由后拱顶壁、隔离墙与炉膛围成的，固定碳燃烧室是由后壁下部、隔离墙与炉膛围成，在固定碳燃烧室内设有拨料装置，喷火口设在隔离墙上。烟气口设在后拱的前端，出烟口设在强化燃烧室的后上部，燃烧后的烟气由出烟口排向烟道。在炉膛固定碳燃烧室内设置拨料装置，可以使未燃烧的秸秆在拨料装置的作用下充分燃烧，同时半气化燃烧室、固定碳燃烧室和强化燃烧室实现了分级燃烧，不仅提高了燃烧效果，而且所产生的氮氧化物浓度低，达到了节能环保的效果。

（2）秸秆干燥破包室（炉前料斗）。锅炉本体的进料口前设置有秸秆干燥破包室（炉前料斗），破包装置设在秸秆干燥破包室内，秸秆捆经破包装置破包后秸秆通过锅炉本体的进料口进入炉膛和链条炉排上，秸秆干燥破包室内可以放置秸秆捆2～3个，在第1个秸秆捆在秸秆干燥破包室内破包的同时第2个和第3个秸秆捆受到烟气的辐射进行烘干，烘干后的秸秆其水分下降，有利于秸秆在炉膛内燃烧，破包后的秸秆密度小，燃烧时温度达不到结焦时的灰熔点，不易结焦。解决了打捆秸秆无须加工成成型燃料，省去中间加工环节，降低了成本，提高了经济效益。

（3）链条炉排。在秸秆干燥破包室和锅炉本体上面设置有链条炉排，其下方沿其输送方向设有多个等压风室，可实现连续向炉膛进料，连续向除渣机出渣，连续向炉膛给风。

（4）生物质锅炉炉膛容积、炉排面积、炉排速度。由于生物质秸秆燃料燃烧的挥发分高，要求炉膛温度低，防止燃料在炉内结焦，减少 NO_x 的生成，所以要求生物质锅炉炉膛容积要与燃煤锅炉相比增大一些。由于生物质秸秆燃料的特点，其含碳量较小，易着火燃烧，自然堆积密度很小，其热值偏小，所以秸秆捆烧锅炉与燃煤锅炉相比，炉排面积可适量减少，同时为了达到锅炉出力，需要提升生物质燃料的料层密度和加快炉排速度，但是不要过快地提高炉排速度，会影响生物质秸秆中固定碳的完全燃尽。

（5）生物质锅炉炉拱、炉膛配风。秸秆捆烧直燃生物质锅炉通过前拱、后拱和隔离墙将锅炉炉膛隔成 3 个室，分别是半气化燃烧室、强化燃烧室和固定碳燃烧室，实现生物质燃料燃烧及燃尽。

生物质秸秆突出的特点就是挥发分高，在炉膛内通过二次风可以对炉内的烟气进行扰动，使烟气和二次风中的氧气充分混合，挥发分得到完全燃烧，所以合理配置二次风是烧好秸秆捆烧锅炉的基本条件。

（6）生物质锅炉热效率及锅炉除尘。生物质秸秆易燃烧而且固定碳含量小等特点，造成生物质燃料在炉排前段燃烧激烈，炉排中、后段只有少量固定碳的燃烧，使生物质锅炉炉床的配风处理比较困难，要保证生物质燃料充分燃烧，供给生物质的空气量（过量空气系数）普遍较大，这样就增加了锅炉排烟热损失。由于生物质燃料灰分大，生物质锅炉受热面易积灰，导致锅炉受热面传热下降，是造成目前生物质锅炉热效率低的原因，因此，合理布置一、二次风，控制好风量、风压、供风位置是最有效提高生物质锅炉热效率的措施，此外，合理布置炉拱、中间隔离墙，延长燃烧后烟气在锅炉炉膛内的停留时间，保证燃料挥发分得到充分燃烧燃尽，换热面上的积灰得到及时清理，锅炉的热效率得到很大的提高。

生物质燃料灰分大，生物质锅炉的烟尘、粉尘含量相对较大，硫化物和氮氧化合物含量较小，并且烟气中粉尘密度及颗粒都很小，除尘方法可以采用布袋除尘器，但是为了防止大颗粒火星进入，烧坏布袋除尘器，可以采用联合除尘，即离心除尘在前，后加布袋除尘。

2.2.1.4 布局要求

供暖工程选址布置应符合城乡建设总体规划，并符合以下要求。

（1）供暖工程宜建设在秸秆资源丰富、原料易获得的乡镇或村屯，或结合城镇燃煤锅炉改造，对村镇住宅、学校、企事业单位等设施进行集中供热。

（2）宜靠近热负荷比较集中的地区，并具有供水、供电等条件，且交通方便。

（3）宜在居民区全年主导风向的下风侧，避开山洪、滑坡等不良地质地段，并满足卫生防疫要求。

（4）根据居民或公共建筑采暖需求，配备供暖管网设施，应便于引出管道，并使室外管道布置在技术、经济上合理。

2.2.2 典型示范

2.2.2.1 辽宁省铁岭县新台子镇秸秆直燃供热项目

辽宁省铁岭市农作物秸秆资源十分丰富，农作物秸秆可收集量约为400万t。铁岭市已安装推广秸秆供暖直燃锅炉39台123.8蒸吨，年可消耗秸秆6.5万t，供暖面积达到约30万m^2。供热公司与用户直接签订供暖合同，供热公司不仅给用户提供锅炉产品，还提供秸秆燃料及锅炉运行供暖的服务。由于供暖面积不同，所以供暖价格也不同。这种模式不仅改善环境，还具有以下优势和特点：一是燃料唯一，只能使用秸秆，不可使用其他燃料；二是减少了秸秆成型压块的二次耗能，秸秆直燃供暖省去了秸秆压缩成型的步骤，具有秸秆用量大、成本低、使用便捷的优势，在秸秆收储阶段就可以实现秸秆综合利用的目的；三是供暖成本与煤接近，略低于煤；四是节能减排，促进秸秆禁烧工作。

铁岭县新台子镇秸秆直燃供热项目（图2–7）于2016年开始运营，由铁岭顺意热力有限公司负责运营供暖。该项目供暖锅炉为6蒸吨秸秆直燃锅炉，供暖面积约为6万m^2，供暖对象是新台子镇盛世福城3万m^2居民小区、新台子镇中心小学和中学3万m^2校舍。秸秆来源由铁岭众缘锅炉公司负责秸秆收储运。秸秆价格是每捆4元（15kg/捆），折合每吨约260元。供暖期全部费用约为106万元（其中，秸秆费用91万元，人工费用

7.5 万元，电费 7.5 万元）。2021 年该项目整个供暖期内秸秆总用量约为 3 500t，大约可利用 1.2 万亩地产生的秸秆。

图 2-7　铁岭县新台子镇秸秆直燃供热项目

该项目具有明显的经济效益和生态效益，一是秸秆直燃供暖比燃煤供暖运行成本明显降低，一个乡镇 2 蒸吨锅炉的费用要比燃煤降低 5.5 万元左右。二是有效控制秸秆焚烧，减少空气环境污染，秸秆有了出路，秸秆焚烧现象就能从根本上得到解决。三是秸秆直燃供暖后产生的炭灰可以用作肥料改良土壤，可以提高农作物品质和产量。

2.2.2.2　山西省上党区南呈村秸秆打捆直燃锅炉集中供热项目

山西省长治市上党区南呈村秸秆打捆直燃锅炉集中供热项目如图 2-8 所示，位于长治市上党区南呈村，总投资 1 355 万元，由山西易通环能科技集团有限公司建设。该工程的主要建设内容包括安装两台 6 蒸吨一台 4 蒸吨秸秆打捆直燃专用锅炉，均配置“专用旋风除尘器 + 高效布袋除尘器”两级除尘及高分子脱硝环保装置，运行环保达标排放，承担南呈村 964 户村民、村委办公楼、学校、医疗所、五家农村超市、餐馆的供暖，供暖面积 9.9 万 m^2，每年消纳秸秆 6 000t。

图 2–8 上党区南呈村秸秆打捆直燃锅炉集中供热项目

乡（镇）政府结合区域生物质资源禀赋与能源供给需求，规划形成合理的服务半径，确保秸秆的保有量满足供暖需求量。供暖企业提供秸秆打捆收集机从田间收集秸秆，采取“服务换秸秆”的模式对农户进行补偿，即收割秸秆后免费为农户旋耕土地。秸秆打捆收集完成后由所在村村委将秸秆统一运输到指定储存地点。农户不需要承担秸秆收集离田所需人工及机械工作费用。政府对生物质能供暖项目运营过程所需的秸秆燃料部分予以合理补贴，保障企业的可持续运行，暂行的补贴标准为每亩 80 元，其中秸秆收储运费用 55 元 / 亩、土地旋耕费 25 元 / 亩。供暖企业负责协调供热管理运营，农户及相关取暖部门采用供热服务购买方式，保障企业经济效益。通过秸秆打捆机将玉米秸秆、稻秆等农业废弃物收集，打捆后直接送入锅炉燃烧，不需要经过秸秆粉碎设备再压制成型，从而实现“秸秆收储—自动上料—秸秆进料直燃—小区供热—灰渣排出—有机肥制备—生物质灰基肥还田”整套生产工艺流程，节省电能的同时直接降低了燃料成本，灰渣中含有丰富的钾等矿物元素，可作为高品质的钾肥还田。

该项目每年利用秸秆 0.6 万 t，代替标准煤 0.3 万 t，减少二氧化碳排放 0.75 万 t 以上，取得了良好的环境效益。每个农户可减少供暖费用支出约 2 000 元，而且供暖质量高于自行供暖。该项目有效地减轻了县域“清洁能源替代”工作的压力，克服了因气源紧张、基础设施不完善等制约“煤改气、煤改电”发展的瓶颈，实现了农村环境治理、禁止秸秆焚烧、大气污染治理、清洁能源替代的有机结合，极大地减少了政府的社会负担；把秸秆“能源化”利用作为产业发展，形成了秸秆收储运社会化服务体系的新模式，为农民增收开拓了新的路径；同时为 80 多位农民带来季节性就业岗位，实现了经济价值最大化与社会效益最佳化的双重效应。

2.2.2.3 黑龙江省海伦市北方清洁供暖秸秆捆烧热水锅炉供暖项目

如图 2-9 所示，海伦市北方清洁供暖秸秆捆烧热水锅炉供暖项目。总体技术路线是生物质燃料首先在气化室底部料层进行缺氧燃烧，缺氧燃烧提供的热量完成气化室生物质燃料的气化解耦过程。之后，气化室热解产生的还原性气体通过半焦层进入主燃烧室，并在生物质半焦层的催化作用下，使得还原性气体 CO、H_2、CH_4 等与 NO_x 经过复杂的反应，将 NO_x 还原成无害的 N_2、CO_2 和 H_2O，配合充足的分级给氧，使得可燃气体燃尽，提高燃烧效率。燃料主要以玉米秸秆为原料，大包秸秆来源采取现场收购和企业自行拾捡打包运输相结合的办法，在运输半径不超 30km 范围内实现原料收购。原料到现场后直接通过输送带送入炉内，实现从田间到炉头无缝衔接，减少了秸秆破碎、加工环节，降低了供暖成本，实现“秸秆收储—自动上料—秸秆整捆炉内破碎—进料燃烧—小区供热—灰渣排出—有机肥制备—生物质灰基肥还田”整套生产工艺流程。实现了从大地中来，又回到大地中的绿色循环。实现了供热企业和产业链上的企业利益最大化。

图 2-9　海伦市北方清洁供暖秸秆捆烧热水锅炉供暖项目

海伦市北方清洁供暖秸秆捆烧热水锅炉供暖项目取得了明显的效益，在生态效益方面，一是生活环境得到改善。实现清洁供暖替代燃煤，消除了冬季供暖烟气大量排放对区域大气环境的影响。同时，大量消耗农作物秸秆，彻底解决了农村秸秆随意堆放或露天焚烧对生态环境造成的影响，村镇环境干净整洁。二是节能减排效果明显。项目实施后，示范村清洁能源使用率达到89%，一个采暖期利用秸秆1.48万t，替代约7 500t标煤，节能减排效果显著。三是促进了农业绿色发展。秸秆直燃供暖产生的灰渣，可作为土壤调理剂或肥料原料还田使用，有利于改善土壤环境，提升地力，促进区域绿色循环农业的构建发展。

在社会效益方面，一是采暖季秸秆供应由企业与合作社合作共同负责秸秆原料收储，农户不需要承担秸秆收集离田所需人工及机械工作费用。二是采用秸秆直燃清洁供暖，相比于原有燃煤采暖，减少了农户每年热费开支。三是采暖期供热稳定，供暖温度保持在20℃以上，燃煤供暖烟气颗粒物沉降影响周边环境的现象得到有效解决，居民生活品质得到进一步提升。

在经济效益方面，一是相比燃煤锅炉供暖，使用秸秆打捆直燃供暖具有更好的经济性和市场竞争优势，运行成本降低47.8%，节支金额共312.5万元。二是清洁供暖面积增加，农户取暖费用降低，企业年热收入可达808万元。三是先后取得国家知识产权局颁发的发明专利、实用新型专利和外观设计专利22项，具有自主知识产权。

2.2.3 效益分析

2.2.3.1 技术经济性分析

生物质直燃供暖技术模式适用于以种植业为主的乡镇村屯，该区域作物秸秆资源丰富易得，冬季取暖能耗高，燃煤资源相对紧缺，或传统电力供应压力较大，通过技术模式推广应用，可有效促进农业农村节能减排，提升秸秆综合利用率，缓解区域能源供给压力。在投资运营方面，生物质直燃集中供暖模式建设资金需求主要包括前期设备投资和后期运行费用；设备投资包括生物质直燃锅炉设备设施和农户终端用热设备暖气片投资；运行费用包括锅炉设备运行费用和农户供暖费。从投资需求来看，生物质直燃集中供暖模式资金需求量大，一次性设备投资高，依靠农民投资难度大，必须依靠政府投资，在政府投资不足的情况下，可采用政府担保的方式，发挥信贷资金的作用。在运营过程中，可由供暖企业负责区域秸秆的收储工作，秸秆在田间打包成型，可就地存放，由企业分期拉运，集中存放，实现秸秆当季消纳。而农户及相关取暖部门，采用供热服务购买方式，从而保障企业经济效益。

与传统的散煤采暖方式相比，生物质直燃集中供暖类似于城市集中供暖，技术成熟可靠，农户使用方便，将秸秆打包后直接在专用锅炉燃用，实现从田间到炉头无缝衔接，减少了秸秆收储运、加工环节，有效降低供暖成本，具有更好的经济性和市场竞争优势。根据部分秸秆直燃锅炉运行情况分析，秸秆直燃锅炉每蒸吨造价15万元左右，可带供热面积8 000m^2，每平方米供暖消耗秸秆80～100kg，秸秆原料成本为150～180元/t，单位面积供暖成本约15元左右，与燃煤相比，按每吨燃煤650元价格计算，每平方米供热成本28元左右，运行成本可降低约48%，而与秸秆压块燃料相比，每吨燃料可节省加工和二次运输成本近300元，供暖综合成本远低于其他锅炉。

2.2.3.2 生态效益分析

（1）二氧化碳减排效益。

①替代煤炭量：

以较常见的10蒸吨生物质成型燃料锅炉按为例，每蒸吨生物质成型燃料锅炉供热面积按照6 000m^{2}计算，一个供暖季每平方米节约民用燃煤40kg，按照各种能源标煤换算系数，1t民用燃煤相当于0.714t标煤，10蒸吨生物质锅炉节约标煤量为：

$$6\,000\times40\times0.714\times10=1\,713.6\text{t}$$

②民用炉具燃煤二氧化碳排放系数：

根据《全球气候变化和温室气体清单编制方法》所述，化石燃料的CO_2排放系数公式是：

$$CO_2\text{排放系数}=(C_P-C_S)\times C_O\times44/12$$

式中，C_P为碳含量；C_S为固碳量；C_O为碳氧化率

C_P取值：碳含量是指燃料的热值和碳排放系数之积。对于煤炭，热值为0.020 9TJ/t。碳排放系数因煤炭种类而各异，按照中国4种煤炭产量加权平均得到平均系数24.74t/TJ。因此，煤炭的碳含量为：C_P=0.020 9TJ/t×24.74t/TJ=0.517。

C_S取值：固碳量是指燃料作非能源用，碳分解进入产品而不排放或不立即排放的部分。在秸秆燃料化利用中，固碳量可不考虑，即C_S=0。

C_O取值：碳氧化率因燃烧装置不同而差异很大，民用炉具燃煤燃烧碳氧化率为80%，即C_O=0.8。

民用燃煤 CO_2 排放系数：

$$CO_2\text{ 排放系数}=(C_P-C_S)\times C_O\times 44/12$$
$$=0.517\times 0.8\times 3.67=1.517$$

③二氧化碳减排量：

$$\text{减排量}=\text{排放系数}\times\text{民用燃煤替代量}$$
$$=1.517\times 1\,713.6=2\,599.53\text{t}$$

（2）甲烷减排效益。

①秸秆使用量：

以较常见的 10 蒸吨生物质成型燃料锅炉为例，每蒸吨生物质成型燃料锅炉供热面积按照 6 000m^2 计算，一个供暖季每平方米节约民用燃煤 40kg，按照各种能源标煤换算系数，1t 秸秆相当于 0.429t 标煤，10 蒸吨生物质锅炉秸秆消耗量为：

$$6\,000\times 40\times 0.714\times 10\div 0.429\div 1\,000=3\,994.41\text{t}$$

②秸秆燃烧的甲烷排放系数：

秸秆燃烧 CH_4 排放系数 = 干物质率 × 干物质含碳率 × 氧化率 × 碳到 CH_4 碳的转化率 ×（CH_4 分子量 / 碳分子量）

根据《中国温室气体排放清单信息库》提供的数据：

秸秆干物质率 =0.9，干物质含碳率 =0.45，氧化率 =0.9，碳到 CH_4 碳的转化率 =0.005，CH_4 分子量 / 碳分子量 =1.333。

秸秆燃烧 CH_4 排放系数 =0.9×0.45×0.9×0.005×1.333=0.002 43

③甲烷减排量：

$$\text{减排量}=\text{排放系数}\times\text{秸秆消耗量}$$
$$=0.002\,43\times 3\,994.41=9.71\text{t}$$

2.2.4 发展评估

随着秸秆生物质燃料化利用与清洁采暖工作的不断推进，为了进一步保障热源稳定、农民节支、企业增收，促进生物质清洁供热产业可持续发展，通过深化产学研合作，研发了秸秆打捆直燃集中供暖技术，探索出村镇社区秸秆打捆直燃集中取暖技术模式。该技术模式适宜在东北地区以种植业为主的乡镇村屯推广，或结合大中型锅炉改造，对住宅小区、公共服务设施、企事业单位等进行集中供热。

2.2.4.1 优点

作为秸秆燃料化利用新工艺，该技术具备了以下特点。

（1）秸秆消耗量大，能够有效解决秸秆露天焚烧问题。

（2）运行成本低廉，秸秆原料从田间到炉头，随取随用，减少中间加工环节和防范消防风险。

（3）集中供暖设备运行稳定，对运维人员要求不高，与燃煤锅炉供暖相比，不增加人工、电力等运行成本费用。

（4）原料适应性强，秸秆打捆直燃锅炉适合各种打包规格，原料含水率小于 30%、含土量小于 20% 即可燃用。

（5）季节耦合性好，收获期和供暖期季节同步，原料供应方便，秸秆燃烧后产生的生物质炭灰可替代化肥还田施用，实现养分循环。

（6）技术兼容性强，适用于乡镇政府、学校、浴池、养殖场和住宅分散或集中取暖的小区，如依托原有燃煤锅炉改造，一般不需要新的管网铺设，建设成本能够得到进一步控制与节省。

（7）锅炉设备配套旋风、布袋等除尘设施，大气污染物排放完全符合国家相关标准。

2.2.4.2 缺点

近年来，通过示范推广与市场孕育，形成了秸秆打捆直燃集中供暖技术模式，采用“秸秆收储—自动上料—秸秆整捆炉内破碎—进料燃烧—小区供热—灰渣排出—有机肥制备—生物质灰基肥还田”整套生产工艺流程，秸秆实现了“梯次利用，过炉增值”，有效构建了农业生产和农村生活相结合循环模式。与此同时，该技术在推广过程中，尽管利润收益显著，但从近年来发展情况来看，也面临一些问题。

（1）一次性投入成本较大。由于秸秆打捆直燃集中供热面积一般较大，每蒸吨锅炉装备需投入约 15 万元，并需要配属专用设备厂房，以及原料储存区、上料装置、除尘设施、防爆消防等配套设施。如需供热管网铺设，按新建 20 蒸吨锅炉供热计算，结合燃煤锅炉改造，采用原有旧址，改造投入预计为 500 万元左右；如新建厂址，重新铺设供热管网，项目一次性投入预计需要 1 500 万元以上。

（2）补贴政策与技术标准相对滞后。黑龙江省生物质采暖补贴政策多倾向于固化成型燃料建设，随着打捆直燃集中供热技术的快速发展，黑龙江省已将相关生物质锅炉采暖纳入补贴政策体系中（每蒸吨锅炉补贴5万元，单个项目锅炉最高补贴额度不超过50万元），相关技术工艺与工程建设标准已稳步推进，黑龙江省于2020年底，首次起草制定了相关标准，国家行业标准也在陆续出台，市场乱建、燃煤锅炉“假改造”、低温常供、供热及污染排放不达标等问题，尚需进一步规范。

（3）环保政策与技术适宜性存在制约。在广大农村地区，秸秆打捆直燃集中供暖技术一般适宜在镇中心村进行推广，黑龙江省许多镇中心村有多层楼房的住宅小区，以及学校、政府等公共设施，具有较强烈的集中供热需求，可通过项目建设，并统筹区域少量且集中的分散平房住户进行改造，实现区域集中供热，而对于传统村屯农户，居住密集度小、热用户少，管网铺设成本投入较大，可能影响项目运行效益。此外，结合黑龙江省“三重一改”散煤污染治理，该技术可有效替代城镇小型燃煤锅炉，但受制于当时国家相关环保及发改部门政策（将生物质锅炉供热纳入污染技术行列，尽管后续政策进行了补充完善），秸秆打捆直燃集中供热技术发展受到一定制约，未能进入城镇区域供热体系。

通过示范建设，秸秆打捆直燃集中供暖技术应用，经济效益十分显著。以海伦市海北村集中供暖工程项目为例，原有燃煤锅炉运行燃料价格为650元/t，年供暖燃料费用534.6万元，加上人工、水电、设备折旧等费用，年供热成本达653.3万元，单位面积供暖成本为27.8元/m^2。而采用秸秆直燃锅炉供暖，秸秆不需要加工成型过程，在田间打包后直接拉运至供热企业，燃料价格仅为150元/t，一个采暖季秸秆燃料消耗1.48万t，原料成本费用为222.1万元，加上人工、水电、设备折旧等费用，年供热成本为340.8万元，供暖成本为14.5元/m^2，一个采暖季供暖运行成本降低了47.8%，节省312.5万元。企业热费收取上，住宅取暖费用由原来的36.2元/m^2降至32元/m^2，商业服务及其他公共设施取暖费用由原来的52元/m^2降至40元/m^2，企业年收入总计为808万元，年利润约467.2万元。因此，采用秸秆打捆直燃技术模式，居民能源消费节省效果十分显著，还可节省秸秆离田费用2 000余元/户，同时，供热企业收益利润也大幅增长，省去了财政后续资金大量投入的压力，采暖期供热稳定，供暖温度保持在20℃以上，农户满意度和参与性，企业的供热质量和投资积极性都有了大幅度的提升。

同时，面对广大农村地区经济发展情况与用能需求，针对不同建设主体，探索了科学的集中采暖运营方式。在已有燃煤锅炉供暖企业基础上进行清洁改造，采用政府引导支持、企业投入管理、技术单位合作等方式实现项目建设，项目运行由供暖企业或当地农业合作社统一负责秸秆收储工作，秸秆在田间打包成型就地存放，分期拉运至供暖企业，集中存放，实现秸秆当季消纳，由供暖企业承担热费的收取，保障企业可持续运营。而针对村集体投入项目，运营方式可更加灵活，可由村集体或合作社一体化负责秸秆打包、离田、输出、供热及农户热费收取，例如肇东市东安村秸秆打捆直燃锅炉清洁供暖项目，热费按每个暖气柱20元/年标准收取，一般一个暖气柱可带供热面积0.8～1.6m^2，农户可根据采暖面积与热能需求，增加或减少暖气柱，热费收取方式更加合理，而农户热费缴纳方面，则可根据村集体用工，进行部分抵消，从而有效提升了居民参与能源建设的积极性，推动了秸秆直燃集中供暖可持续发展。

秸秆打捆直燃集中供暖技术，为北方寒区清洁采暖开辟了新的路径与技术范式，得到了农户的普遍认可及相关部门的重视，既节约居民能源消费支出成本，还可提升企业经济效益，也为提升公众节能减排意识，促进农业农村绿色发展发挥了关键的示范引导作用，具备了大范围推广的基础，市场发展前景十分广阔。

3 秸秆固化利用模式

3.1 秸秆固化成型燃料

3.1.1 名词解释

在农业和林业生产过程中，会产生大量的废弃物。例如，农作物收获后，残留在农田内的农作物秸秆，农副产品加工业的副产品（如稻壳、玉米芯等），林业生产过程中残留的树枝、树叶、木屑和木材加工的边角料等。上述农业和林业废弃物通常松散地分散在大面积范围内，堆积密度较低，给收集、运输、储藏和应用带来了一定的困难。由此，人们提出如果将农业和林业生产的废弃物压缩为成型燃料，提高能源密度，不仅解决了上述问题，而且还可形成商品能源。

秸秆固体成型燃料是指用固化成型设备将农业生产过程中产生的大量废弃物、农作物秸秆等生物质压缩为原体积的1/8～1/6，密度为1.1～1.4t/m^3，成为一种有一定形状的固体燃料，热值可达同重量煤的70%，便于运输、储存，既可用作燃料，也可用作饲料。

3.1.2 燃料特性

秸秆固体成型燃料生产工艺、设备简单，易于操作，成本较低，加工生产的固体成型燃料热效率高，燃烧性能好，便于储运（可长时间存储和长途运输），易于实现产业化生产和大规模使用，可满足农村居民炊事、取暖用能需求，可为城镇社区区域供热提供清洁燃料，还可用于蔬菜瓜果温室大棚和园林花卉暖房保温取暖用能，增加农民的收入。具备条件的地区秸秆固体成型燃料还可供生物质发电。近年来，在中央和地方各级政府的支持下，秸秆固体成型燃料技术通过试点示范探索出推广应用的宝贵经验，固体成型燃料技术得到了快速的推广应用，技术水平逐渐提高并趋于成熟。同时，在使用秸秆固体成型燃料时，要注意以下几个方面。

（1）挥发分含量高。农作物秸秆中的挥发分一般在 76% ～ 86%，其存储了超过 2/3 的热量，且一般在 200 ～ 300℃时开始析出。如果此时无法提供足够的助燃空气，则未燃尽的挥发分被气流带出，形成黑烟，传统的燃煤锅炉设计方法和操作规程并不适合于农作物秸秆。

（2）灰分含量高。由于秸秆类生物质中的灰分含量通常较高，因此颗粒燃料的灰分沉积速度一般大大超过煤的燃烧，有的甚至超出煤炭大约一个数量级。此外，积灰中通常存在大量的 KCl 等氯化物，也是需要注意的一个问题。

（3）结渣现象严重。在秸秆生长过程中，会吸收包含了一定含量的 K、Na、Cl、S、Ca、Si、P 等元素，其以盐或者氧化物的形式存在于生物质机体内部，或者灰分等杂质中。当秸秆类生物质固体成型燃料燃烧时达到的温度远远高于灰分熔点温度范围，导致炉底的秸秆灰在 800 ～ 900℃时就开始软化，温度过高时灰分会全部或者部分发生熔化，导致结渣率较高，试验表明玉米秸秆颗粒燃料的结渣率在 50% 以上。这不仅影响燃烧设备的热性能，甚至会危及燃烧设备的安全。

（4）NO_x 排放量较高。生物质燃烧设备产生的 NO_x 主要是由燃料中的 N 元素氧化产生，既来自气相燃烧，也来自固定碳燃烧过程。其他 NO_x 可能是某些特定条件下由空气中的 N 元素形成的。生物质燃烧排放的最主要 NO_x 是 NO，它在大气中会转变为 NO_2。

3.1.3　燃料分类

秸秆固化成型燃料分为颗粒燃料、块状燃料和棒状燃料，如图 3-1 至图 3-3 所示。

秸秆颗粒燃料，像个小粉笔，直径可以是 6mm、8mm、10mm、12mm，长度大约 40 mm，密度在 1.0 ～ 1.2g/cm^3，叫颗粒燃料，俗称粒儿。

秸秆块状燃料，方方正正，尺寸是 32mm×32mm，密度在 0.8g/cm^3 左右，不如颗粒燃料紧实，叫块状燃料，俗称块儿。

秸秆棒状燃料，块头最大，像一个柱子，周长约 30mm，高 300mm，密度和块状燃料一样，在 0.8g/cm^3 以上，叫棒状燃料，俗称棒儿。

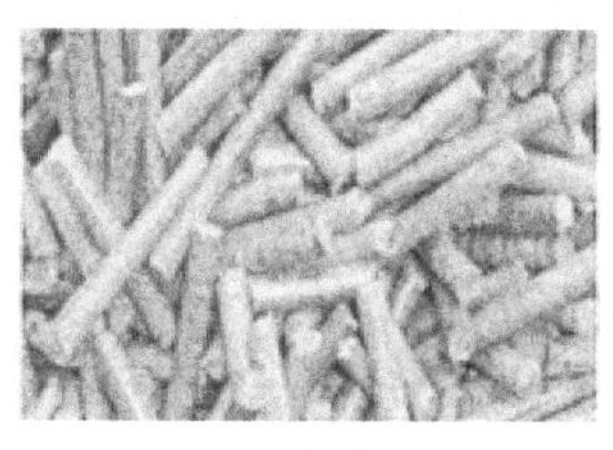

图 3-1 颗粒燃料

图 3-2 块状燃料

图 3-3 棒状燃料

3.1.4 质量要求

秸秆固体成型燃料质量要求：

水分≤ 16%。

灰分≤ 12%（颗粒）或≤ 15%（块状、棒状）。

低位发热量≥ 12.6MJ/kg。

堆积密度≥ 500kg/m^3（颗粒）。

≥ 3 400kg/m^3（块状、棒状）。

3.1.5 生产成本

（1）玉米秸秆固化成型燃料成本 350 元/t 左右。其中，原料成本 203 元，站内秸秆运输、成型加工等 147 元。

（2）水稻秸秆固化成型燃料成本 430 元/t 左右。其中，原料成本 273 元，站内秸秆运输、成型加工等 157 元。

玉米、水稻秸秆压块成本明细如表 3-1 所示。

表 3-1 玉米、水稻秸秆压块成本 单位：元 /t

原料种类	原料成本	站内秸秆运输、管理、损耗	粉碎	成型	人工	润滑油	维修	折旧	包装	合计
玉米	203	10	13	26	52	6	10	10	20	350
水稻	273	15	10	26	60	6	10	10	20	430

3.1.6 燃料对比

秸秆固化成型燃料和散煤等不同燃料的对比如表 3-2 所示。秸秆固化成型燃料热值相当于中质烟煤，可直接燃烧，燃烧特性明显改善。具有黑烟少、火力旺、燃烧充分、不飞灰、干净卫生、污染物排放少等优点。

表 3–2　秸秆固化成型燃料和散煤等不同燃料对比分析

适用场合		农户采暖			集中供热		
燃料类型		型煤	块煤	秸秆固化成型燃料		秸秆直燃	散煤
热值（kcal/kg）		3 500 ～ 4 000	5 000 ～ 5 500	3 200		2 600	4 500 ～ 5 000
价格（元/t）		1 700 ～ 1 800	1 500 ～ 1 900	350 ～ 450		230 ～ 250	550 ～ 650
配套锅炉（炉具）		专用型煤炉	传统户用煤炉	户用生物质炉具	生物质锅炉	秸秆直燃锅炉	小型燃煤锅炉
锅炉（炉具）价格		1 000 ～ 2 000 元/台	不需要更换	2 100 元/台	15 万元/蒸吨	15 万元/蒸吨	不需要更换
锅炉（炉具）热效率		75%	50%～ 60%	80%	85%	80%	70%
户均（$80m^2$）燃料使用成本（元）		3 600 ～ 5 400	3 600 ～ 5 000	1050 ～ 1350	1 400 ～ 1 980	768 ～ 960	1 540 ～ 2 080
烟气排放标准（在使用配套炉具情况下）	二氧化硫（mg/m^3）	400	400	30	300	300	400
	氮氧化物（mg/m^3）	400	400	150	300	300	400
	颗粒物（mg/m^3）	80	80	50	50	50	80
优缺点		烟囱“冒黑烟”现象得到一定缓解，但仍不达标，没有降低二氧化硫、氮氧化物排放	购买方便，但污染严重，购买燃料支出较多	燃料密度高，便于运输和储存，支出低于燃煤，烟气排放达标。可广泛用于城区、乡镇、村屯集中供热、工商业企业用能和农户采暖、温室大棚等场合使用，替代小燃煤锅炉		成本低，适用于机关事业单位集中供暖	燃煤社会认可度高，购买方便。但污染严重，购买燃料支出较多

注：① 1kcal≈4 185.85J，全书同。

3.2 秸秆固化成型技术

3.2.1 技术原理

秸秆固化成型技术是指在一定温度与压力作用下，将各类原来分散的，没有一定形状的秸秆等生物质，经干燥和粉碎后，压制成具有一定形状的、密度较大的各种成型燃料的新技术。从秸秆等生物质的组成来看，主要是由纤维素、半纤维素、木质素以及树脂、蜡等成分组成。在构成生物质的各种成分中，木质素被普遍认为是生物质体内固有的、最好的内在黏合剂。在常温下，原本木质素的主要部分不溶于任何有机溶剂，但木质素属于非晶体，没有熔点但有软化点。当温度达到 70 ～ 110℃时软化，黏合力开始增加，此时在外部施加一定的压力，可使其与纤维素、半纤维素等紧密黏结，同时与邻近的生物质颗粒互相黏结在一起。成型燃料经冷却降温后，强度增大，即可得到燃烧性能类似于木材的棒状、块状、颗粒状生物质固体成型燃料。

3.2.2 技术流程

（1）干燥。生物质的含水率在 20% ～ 40%，通过自然晾晒或烘干方法进行干燥，滚筒干燥机进行烘干，将原料的含水率降至 8% ～ 10%。如果原料太干，压缩过程中颗粒表面的炭化和皲裂有可能会引起自燃；而原料水分过高时，加热过程中产生的水蒸气就不能顺利排出，会增加体积，降低机械强度。

（2）粉碎。木屑及稻壳等原料的粒度较小，经筛选后可直接使用。而秸秆类原料则需通过粉碎机进行粉碎处理，通常使用锤片式粉碎机，粉碎的粒度由成型燃料的尺寸和成型工艺决定。

（3）成型。生物质通过固体成型，一般不使用添加剂，此时木质素充当了黏合剂。

（4）冷却。通过延长输送距离，使成型燃料充分暴露在大气中，实现自然冷却。

（5）包装。对成型燃料进行计量并统一包装。

3.2.3 主要设备

目前，使用最多的是环模成型机，主要生产颗粒或压块成型燃料。农业农村部规划设计研究院研发了 HM350 型、HM420 型、HM485 型、HM600 型环模压辊生物质成型设备。HM485 型主要技术参数如下：

原料：玉米秸、麦秸、木屑等多种生物质；

生产率：2.0t/h；

吨料电耗：<120kW · h；

成型率：>95%；

模具使用寿命：>400h；

颗粒密度：>1.0g/cm^3；

外形尺寸（长 × 宽 × 高）：2 015mm×1 283mm×2 230mm。

3.2.4 发展评估

推进北方地区冬季清洁取暖是中央部署的重大民生工程、民心工程，北方地区可充分结合农村冬季采暖能耗高、效率低、品位差等实际问题，将秸秆燃料化利用作为开展“农村能源革命”的重要内容来抓，不但符合黑龙江省农业发展区域特点及产业结构，更对全面开展蓝天、碧水、净土保卫战，实施乡村振兴战略起到了积极重要的作用。

秸秆固化成型燃料技术，就是在一定温度和压力作用下，将秸秆压缩为棒状、块状或颗粒状等成型燃料，体积缩小 8 ～ 12 倍，方便运输和储存，提高燃料燃烧效果，配合专用生物质炉具，实现居民清洁采暖用能。该技术具有以下优势特点：一是秸秆固化燃料方便运输、储存；二是燃料热值可达 3 000kcal 以上，配合生物质炉具，具有热效率高，燃烧充分、黑烟及污染物排放少的特点，炉具热效率可达 80% 左右，远高于传统炕灶 30% 左右的热效率；三是符合农村生物质炊事采暖用能习惯，易于得到农村居民广泛的认知。

结合近几年技术实际应用效果来看，秸秆固化成型燃料技术发展遇到一定问题和瓶颈。一是从技术工艺上看，秸秆固化成型燃料生产与利用能源投入产出比，颗粒燃料约为 1∶10.83，块状成型燃料约为 1∶11.19，燃料粉碎、成型加工过程中能量投入占比达 60% 以上，加之秸秆收储运等成本的不稳定性影响，秸秆燃料生产成本在300～400元/t，其市场销售价格可达400～650元/t；二是从用户端市场上看，农民是拥有秸秆生物质原料的主体，也是最终的消费群体，而农村地区传统炉灶用能习惯普遍存在，居民通过秸秆、树枝、玉米芯等原料自行收集，直燃利用，不需要采暖炊事用能消费支出，加之受前几年低成本散煤价格冲击，成型燃料严重缺乏市场价格优势，农村居民对秸秆固化成型燃料的消费意愿不断降低；三是从政策端看，秸秆燃料化政策多注重压块企业和炉具等建设端的补贴，出口较窄，缺乏行之有效的秸秆消耗补偿、生态补偿等政策机制，成型燃料企业受到市场化价格的冲击，许多企业开始通过燃料置换、原料代加工的方式降低生产成本与销售价格，但仍有部分企业，生产积极性受到严重影响，秸秆固化成型燃料年实际生产量逐渐下降。

因此，秸秆固化成型燃料技术的产业化发展，应进一步完善和稳定秸秆燃料服务交易，发挥农民的主体性，降低消费群体的支付成本，拓宽秸秆燃料销售渠道和应用领域，是调动能源供应商的积极性，全面推进秸秆燃料化利用的关键。通过不断探索，固化成型燃料技术及服务也逐渐呈现了多种新的运行模式。例如，由村委会负责协调，同周边村屯现有秸秆压块加工企业，签订秸秆收储、燃料加工、供销与置换的一体化能源管理运营协议，不但降低了农户燃料成本，还有效解决了秸秆离田利用问题，并通过建立企业售后服务信息卡，方便企业售后跟踪维护，加强对设备使用安全的管理。此外，形成了秸秆压块燃料和秸秆饲料联产运营方式，生产的燃料供应周边居民取暖用能，根据企业年生产能力，将剩余秸秆加工成草球，销售给大型养殖场，实现企业稳定收益。

随着农村冬季清洁采暖工作的不断推进和深入，经过多年来的研发，生物质炉具及生物质锅炉的工艺路径、功能用途、设备型号等愈加丰富，并探索出了生物质锅炉改造的机关、企事业单位取暖技术模式，主要是在秸秆代煤工作进程中，针对政府、学校、医院等采暖面积相对较大的机关及企事业单位，进行小型燃煤锅炉改造升级，实现采暖、热水及部分炊事用能的复合系统应用。将机关、企事业单位等公共设施供热服务交给生物质供热市场，通过专业化的运维管理或能源托管，一方面可保证生物质成型燃料厂的基础生产量和销售量，实现可持续发展经营；另一方面可解决各单位清洁供暖的资金问题，确保供热质量和安全，实现降本增效的目标，从而形成“政府补得起、用户用得起、运营方改得起、投资有收益、系统可维护、模式可推广”的生物质能源供热运营机制。

3.3 秸秆固化燃料站

3.3.1 规模分类

秸秆固化燃料站（图 3–4）按照年设计生产能力，分为小型秸秆固化燃料站、中型秸秆固化燃料站、大型秸秆固化燃料站和超大规模秸秆固化燃料站。小型秸秆固化燃料站年设计生产秸秆固化燃料能力在 2 500t 左右，中型秸秆固化燃料站年设计生产秸秆固化燃料能力在 1 万 t 左右，大型秸秆固化燃料站年设计生产秸秆固化燃料能力在 2 万 t 左右，超大规模秸秆固化燃料站年设计生产秸秆固化燃料能力在 3 万 t 及以上。

图 3–4　秸秆固化燃料站示例

3.3.2 站址选择

（1）站址要选在原料丰富、交通方便的地方。站址距主要交通干线（公路、铁路）不应太远，厂区至主要干线的途中若有桥梁，该桥梁应能通过载重 30t 以上的卡车。这样既有利于生产和运输，又能降低成本，便于运销。

（2）站址周边环境符合要求。站址距居民住宅区在 200m 以上为宜，站址周围环境要避开易燃易爆和排放有毒气体、有害粉尘的工厂，站址以离供电主线路 300m 以内为宜，以减少供电系统投资和电力损耗。还要有相应的水源，以满足生产部门、生活和消防用水需要。站址地势要平坦、地质要坚硬、通风良好，应避开可能受到水淹或发生滑坡、塌方的地域。

（3）站址应选在农作物种植集中、便于收集的地方。站址周围农作物种植面积，对年产 2 500t 的站点应不少于 7 000 亩，对年产 1 万 t 的站点应不少于 3 万亩，对年产 2 万 t 的站点应不少于 6 万亩，原料供应半径在 5km 之内为宜。

（4）选址时应因地制宜，节约用地。秸秆固化燃料站建设要使用建设用地，不能占用耕地。有条件的要尽可能利用原有闲置的场地、厂房，以减少投资。

（5）各种规模秸秆固化燃料站占地面积，年设计生产能力 2 500t 秸秆固化燃料站占地面积不少于 2 000m^2，年设计生产能力 1 万 t 秸秆固化燃料站占地面积不少于 5 000 m^2，年设计生产能力 2 万 t 秸秆固化燃料站占地面积不少于 8 000 m^2。

3.3.3　投资估算

下面是小型秸秆固化成型燃料站（年生产秸秆固化成型燃料能力 2 500t）、中型秸秆固化成型燃料站（年生产秸秆固化成型燃料能力 1 万 t）、大型秸秆固化成型燃料站（年生产秸秆固化成型燃料能力 2 万 t）建设投资估算表，具体如表 3–3 至表 3–5 所示。

表 3–3　2 500t 秸秆固化成型燃料站建设投资估算

建设内容	数量	单位	单价（元）	金额（万元）
一、土建工程				44
加工车间	200	m^2	400	8
塑料罩棚、地面简易硬化	2 000	m^2	180	36
二、设备购置				56
台秤	1	台	10 000	1
抓草机	1	台	75 000	7.5
消防设备	1	套	25 000	2.5
粉碎机	1	台	100 000	10
秸秆成型机	1	台	150 000	15
变压器（200kW）	1	台	200 000	20
合计				100

表 3–4　1 万 t 秸秆固化成型燃料站建设投资估算

建设内容	数量	单位	单价（元）	金额（万元）
一、土建工程				163.5
加工车间	800	m^2	400	32
成品库	300	m^2	400	12
料场罩棚、地面简易硬化	4 000	m^2	260	104
地秤基础				2
办公室、食堂宿舍、门房	300	m^2	400	12
场区围栏、大门	250	m^2	60	1.5
二、设备购置				136.5
地秤（120t）	1	台	52 000	5.2
抓草机	2	台	75 000	15
消防设备	1	套	30 000	3
粉碎机	1	台	150 000	15
秸秆成型机	2	台	260 000	52
除尘设备	1	套	50 000	5
灌装设备	1	套	35 000	3.5
输送带	5	条	8 400	4.2
自动上料机	2	台	13 000	2.6
变压器（200kW）	2	台	150 000	30
场区监控设施	8	台	1 250	1
合计				300

表 3–5　2 万 t 秸秆固化成型燃料站建设投资估算

建设内容	数量	单位	单价（元）	金额（万元）
一、土建工程				312.5
加工车间	1 600	m^2	400	64
成品库	600	m^2	400	24
料场罩棚、地面简易硬化	8 000	m^2	260	208
地秤基础				2
办公室、食堂宿舍、门房	300	m^2	400	12
场区围栏、大门	500	m^2	50	2.5

（续表）

建设内容	数量	单位	单价（元）	金额（万元）
二、设备购置				277.5
地秤	1	台	55 000	5.5
抓草机	4	台	75 000	30
消防设备	2	套	30 000	6
粉碎机	2	台	150 000	30
秸秆成型机	4	台	260 000	104
除尘设备	2	套	45 000	9
灌装设备	2	套	35 000	7
输送带	10	条	8 000	8
自动上料机	4	台	15 000	6
变压器（315kW）	2	台	350 000	70
场区监控设施	16	台	1 250	2
合计				590

3.3.4 典型示范

3.3.4.1 河北省保定市生物质成型燃料项目

河北省保定市生物质成型燃料项目是以改善区域环境质量为目标，以解决农作物秸秆焚烧造成的大气污染为出发点，利用农作物秸秆、农业废弃物等资源，发展生物质清洁能源的新型行业。生物质成型燃料生产线如图 3–5 所示。保定市生物质成型燃料项目依托保定市三丰牧草制品有限公司，占地面积 18 000m^2，拥有 4 条生物质颗粒生产线，年收储农林废弃物 2.5 万 t 左右，年生产成型燃料 2 万余吨，主营业务为各种农作物秸秆压块、颗粒及青贮饲料。生物质成型燃料的生产，主要以玉米秸秆、麦秸、稻草、树枝、木材下脚料、树叶、木屑等为原料。保定市三丰牧草制品有限公司利用收集的农林废弃物，经过粉碎挤压制成生物质压块、颗粒。年生产成型燃料 15 000t 左右，与多个厂家、电厂、农户签订销售合同，代替燃煤 10 000t 左右，节能减排效果显著。

图 3–5　生物质成型燃料生产线

保定市生物质成型燃料项目把生物质固化成型后，再采用传统燃烧设备燃用。该项目生产工艺是将秸秆类农林固体废物经干燥和粉碎后作为原料，经过粉碎混合，通过压辊、压模等设备，物料在一定压力和高温下，设备压缩区被挤压，物料之间的空隙急剧缩小，物料内部的压力和密度增大，物料发生塑性变形，达到一定密度的物料被压入模孔，经过一定时间的挤压，具有一定密度的物料被挤出模孔外，成为生物质成型燃料。生物质成型燃料密度一般为 1.1 ～ 1.4t/m^3，热值为 4 100kcal 左右。1t 生物质成型燃料相当于 0.55 ～ 0.6t 标准煤或 0.4t 柴油（燃油料）。

该项目生物质成型燃料的产品按销售价 680 元/t 计算，年增产 15 000t，可实现年 1 020 万元的产值，税后利润 88.5 万元以上。农林废弃物是影响农村人居环境和大气污染的直接来源，每年产生的大量农林废弃物堆积在路旁，形成路边垃圾场，严重影响车辆行走和道路美观，干枯后路人一把火烧掉，给空气造成严重污染。农林废弃物加工制成生物质替代燃料，具有无污染、可再生等显著特点，农林废弃物通过合理利用，不仅变废为宝，更实现了综合利用，取得了能源、经济、社会和生态环境等综合性效益。

3.3.4.2 山西省生物质固体成型燃料项目

山西中田聚丰生物能源有限公司生物质固体成型燃料项目位于山西省大同市阳高县龙泉镇沙河台村，占地面积约 8 000m^2，项目总投资约 300 万元。项目主要建设内容包括加工车间、库房、秸秆打包机、破碎机、粉碎机、颗粒机、输送机、冷却系统、定量包装机等设施设备，生产线如图 3–6 所示。

图 3–6 生物质固体成型燃料生产线

颗粒燃料主要以玉米秸秆和园林废弃物作为主要原材料。秸秆以市场化每亩 30 ～ 50 元的价格进行收购，将秸秆在田间进行打包，然后运输至企业原料仓库进行储存。颗粒燃料主要生产工艺流程为：将玉米秸秆干燥至合适的水分含量，然后将干燥的原材料用破碎机粉碎至 8 ～ 12cm，通过秸秆颗粒成型设备进行挤压和制粒。秸秆颗粒再输送到冷却器进行冷却和筛选，最后通过定量打包设备进行成品包装。

该项目每年销售收入约 350 万元。每年直接或间接带动 20 ～ 30 人就业，带动农民增收约 4 000 元/年。项目年处理秸秆 2 万余亩、园林树枝 2 000 余 t。生产的生物质颗粒燃料是一种清洁能源，对环境污染小，可替代煤、油、气，是高效且节能的环保产品。把废弃生物质作为燃料，有利于杜绝随意堆弃现象，使废弃生物质变废为宝，减少了资源的浪费，改善了环境污染。

3.3.4.3 黑龙江省穆棱市秸秆压块燃料站项目

黑龙江省穆棱市秸秆压块燃料站项目厂区面积 2 万 m^2，厂房面积 8 000m^2，用于压块站项目的独立厂房面积 1 000m^2，操作场地 5 000m^2，生产车间如图 3–7 所示。项目所生产的颗粒料是以 8mm 玉米秸秆颗粒为主要产品，同时还以锯末、废弃菌袋等材料生产的其他颗粒为附属产品，原料供应方主要是压块站附近村镇的农户、木耳菌养殖户以及木材加工企业，原料供应方将原料送至压块站，由压块站现金购买或以颗粒料成品换购，生产的颗粒料热值 4 000kcal 左右，灰分 5.67%，挥发分 83.26%，结焦率 2%，固体碳 11.9%，符合国家标准，质量优良。生产的颗粒料主要销往牡丹江市内的工厂企业和中小型浴池。客户使用后反映，产品燃烧充分，结焦率低，能够满足取暖等要求。

图 3–7　穆棱市秸秆压块燃料站生产车间

3.3.4.4 内蒙古自治区宁城县秸秆固化成型燃料项目

内蒙古自治区宁城县秸秆固化成型燃料项目（图 3–8）租用土地 20 亩，建设储晒场 2 200m^2，建设生产车间 1 800m^2，成品库 600m^2，生产线 2 条，主要设备为颗粒机 1 套（包含烘干机、粉碎机等附属设备），秸秆打捆机 1 台，机动车 4 台，割草机 1 台，搂草机 1 台，化验设备 1 套，消防设备 1 套。企业处理秸秆模式是"秸秆收集—颗粒燃料加工—户用节能炉具推广"和"秸秆收集—颗粒、压块燃料加工—生物质燃料使用推广"燃料化利用模式。现年处理农作物秸秆 5 万 t，菌棒 1 万 t，年销售生物质颗粒燃料 3 万 t，年销售打捆秸秆 1 万 t。

图 3-8 内蒙古自治区宁城县秸秆固化成型燃料项目

该项目加工生产 1t 生物质颗粒燃料成本（包括原料、水、电、人工费等）550 元（按现市场价计算），销售 1t 生物质颗粒燃料 750 元，扣除其他税费 150 元，加工生产 1t 生物质颗粒燃料纯收入 50 元，年收入 100 万元。农作物秸秆燃料化利用，变废为宝，实现能源再生利用，企业正常运转，能安排部分农村剩余劳动力，生产所需原料可使农户亩增收 60 元，实现农民增收，促进农村经济发展。有效提高农作物秸秆利用率，促进秸秆禁烧工作开展，减少大气环境污染，保护生态环境，造福子孙后代。

3.4 “秸秆固化成型燃料 + 户用生物质炉具”单户用能模式

3.4.1 运行模式

3.4.1.1 模式组成

该模式主要利用户用生物质炉具，配备秸秆固化成型燃料。该模式可实现秸秆就地收集、就地加工、就地转化利用，农户冬季使用秸秆成型燃料取暖，点火方便，燃烧快，火力旺，温度提升快，灰渣少，烟气清洁，农户居室环境得到有效改善。

3.4.1.2 技术原理

秸秆固化成型燃料是利用秸秆中纤维素、半纤维素和木质素遇热软化的特性，靠机械挤压摩擦使秸秆软化黏结成型。成型后比重增大、体积变小，便于储存和运输，热值可达 3 000kcal 以上。户用生物质炉具针对秸秆固化成型燃料高挥发分、低固定碳的燃料特性，采用燃料在上，火焰在下的反烧结构，通过控制一次进风量可控燃烧，将秸秆固化成型燃料热解成氢气、碳氢化合物等可燃性混合气体，遇到二次进风充分燃烧，具有热效率高，节能效果好，污染物排放少的特点，热效率在 75% 左右。

采用上吸式气化技术（逆流式气化），空气经一次风从灰室的炉栅处吸入，从下向上通过燃烧层，燃料从炉口顶部一次加入炉膛，也可边燃烧边添料。在炉膛内沿气化高度，生物质气化过程主要分为 3 层，即热分解层、还原层、氧化层。各层次沿空间分布，没有明显层次划分的瞬时现象。划分成层带是为了更清楚地从理论上说明问题。

热分解层：生物质燃料在气化炉上部被干燥，干燥好的原料与气化炉下部来的热气体作用进入燃料的热分解过程。生物质受热分解成可燃气体 CO、H_2、CH_4 和 CO_2 等，还包括焦油、水蒸气和固定碳。生物质的热解是整个气化过程中的关键部分。生物质燃料中的挥发分高，在较低的温度下就可释放出 70% 的挥发分。温度是完成热分解的关键，温度高所完成热分解的时间短，在 400 ～ 800℃范围内，升高温度有利气化过程。

还原层：二氧化碳还原的化学反应 $CO_2+C=2CO+161\ 677kJ$

这个反应是向右进行，是吸热反应。所以温度越高，CO_2 还原越彻底，产生的 CO 越多。有效的 CO 还原温度是在 800℃以上，温度增加有利于进行还原反应。

氧化层：当生物质的热分解完成后，生物质中的挥发分生成可燃气体，剩下的是生物质中的固定碳。固定碳要转化为燃气，需要气化剂（主是空气）和高温，在空气的配合下，当温度达到 1 200℃以上时会产生大

量的 CO_2，同时放出大量的热量。

反应式为：$C+O_2=CO_2-408\ 567kJ$，同时，还有一部分碳，由于供氧不足，会形成 CO 并放出热量：$2C+O_2=2CO-246\ 270kJ$

这些热量是推动整个气化过程的必需条件。

3.4.1.3 主要设备

户用生物质炉具如图 3–9 所示，包括灰斗、调节风门、炉膛、燃烧室、烟气出口挡板、炉盖等，户用生物质炉具主要具有 5 个特点。

图 3–9 户用生物质炉具

（1）燃料广泛。在农村地区废弃的各种农作物秸秆、锯末、牲畜粪便、塑料、烂衣服、煤渣等一切可燃固态生活垃圾均可作为燃料，这些东西很常见，在农村有着取之不尽、用之不竭的资源，通过此炉燃烧后可促进废弃物的无害化处理、资源化利用，也就是变废为宝。

（2）操作简单。使用方法与农家传统习惯一样，这种生物质炉是采用上点火，反燃烧，上火速度比较快，一般 30s 就可以点燃。炉子加满燃料后，一次可以燃烧 90min，并且炉子设有续料口，中途不用端锅就可以随时添料，可以长时间使用，中间不会熄火，也不会冒烟，火力大小可以通过抽动灰箱进行调节。

（3）高效节能。使用二次燃烧技术能使燃烧的热效率大大提高，目前一般的生物质炉的热效率能够达到 85% 以上，而传统炉灶的热效率一般只有 35%，最多 40%。所以，生物质炉比传统炉灶省柴节煤，燃烧生物质时 4kg 凉水 8 ～ 12min 即可烧开，大大强于传统炉灶。用生物质炉，2kg 柴燃料可以持续燃烧 1 ～ 2h，也就是说，五口之家的一日三餐只需要 4 ～ 5kg 生物质燃料。

（4）环保干净。生物质炉在燃烧时不产生焦油和水，无可燃气体流失，烟尘排放低并且会通过烟管排到室外，室内既无烟又无气味，能够保持农家厨房干净卫生的环境。

（5）安全可靠。合格的高效低排放户用生物质炉凡是与火接触的部分均为耐火材料或耐热的生铁铸件。其内胆炉芯全采用加厚的耐高温保温材料，正常情况下保养，可使用10年以上。

3.4.1.4 安全使用

安全使用户用生物质炉具须注意的事项如下。

（1）不得将液体燃料倒在炉中作引火，以免造成人身伤害。

（2）燃料燃烧时不能从续料口中过近直观炉内火势，以免炉内压力过大，造成回火伤人。

（3）点火后，燃料未燃尽前，最好不要频繁打开续柴口，以免影响燃烧效果。

（4）炉具附近不要放置可燃、易爆物品，以免造成不必要的损失。

（5）正常使用时，炉体和烟囱有较高温度，请勿触摸，以免烫伤。

（6）不得带电装卸风机，不得湿手插卸电源插头，以免造成人身伤害。

（7）生物质炊事采暖炉具严禁安装在卧室内，应装设烟囱并通往室外，并保持室内空气通畅，膨胀水箱的水位不低于其高度的1/3，水量不足时应及时补水。

（8）采暖循环水不应作为其他用途。

（9）配有电器装置的炉具，应有安全用电措施。

3.4.2 典型示范

3.4.2.1 黑龙江省海伦市西安村户用生物质炉具项目

西安村如图3–10所示，位于海北镇西部，距镇区2.5km，全村共有耕地12 217亩、林地928亩。下辖1个自然屯、456户、1 776口人。全村砖瓦化率90%，道路硬质化率100%。集体经济纯收入16万元，农民人均可支配收入5 500元。2017年被评为国家级文明村镇。

图 3–10 黑龙江省海伦市西安村

按照黑龙江省委、省政府关于加强农村秸秆压块燃料化利用工作部署及绥化市总体要求，海伦市对海北镇西安村农村户用采暖炊事锅炉进行整村推进，每台价值 5 028 元的生物质锅炉炊事取暖炉具，政府补贴 4 228 元，农户仅付 800 元，目前已安装 300 台，每年消耗秸秆成型燃料 600t。该生物质锅炉，可取暖、可炊事、可烧炕，一炉多用，清洁、高效、环保，深受农户喜爱。农民通过使用生物质颗粒或压块燃料，还减少了费用支出。例如一家农户 80m^2 住宅，一个冬季用秸秆燃料取暖、做饭、火炕，大约用秸秆燃料 1.7 ～ 2t。秸秆燃料在本村购买价格在 600 元/t，煤炭购买价格在 900 元/t，那么农户一个冬季消费燃料支出与煤相比节约 700 元左右。

海伦市西安村农户使用的生物质固化燃料，可在距村 2.5km 的海伦市万佳生物质科技有限公司购入，而该村农作物产生的秸秆全部卖给了该企业，降低了运输成本及加工成本，形成了就近加工、就近转化的良性循环模式。

3.4.2.2 内蒙古自治区赤峰市巴林左旗隆昌镇半拉沟村户用生物质炉具项目

2015 年，赤峰市巴林左旗隆昌镇半拉沟村（图 3–11）有计划、分步骤地进行整村推广灶台式节能环保炉 198 台，并配装生物质成型机，实现农牧废弃物“由粗放性散烧到洁净性使用”的根本性转变。通过项目建设，生物质炉具兼有采暖、炊事和温炕等多种功能，在采暖为主的同时，热烟气可以通入炕中将余热利用，达到暖炕的目的，燃料热效率可在80%以上。该技术具有升温快、取暖效果好、使用干净等特点，农户购买生物质炉具平均350元/台，其中政府补贴150元，可用1亩地秸秆置换半吨压块或颗粒燃料，冬季室内温度可达20℃左右。使用灶台式节能环保炉之前，农牧用户每年每户炊事、烧炕、烧热水用秸秆柴草约4t，减排二氧化碳1.5t；冬季烧本地柴煤约4t，减排二氧化碳约1t、二氧化硫约0.05t；处理秸秆、农牧废弃物约8t，平均每年每户节省采暖开支约2 000元。

图3-11　内蒙古自治区赤峰市巴林左旗隆昌镇半拉沟村

3.4.2.3　黑龙江省兰西县永久村户用生物质炉具项目

兰西县永久村（图3-12）秸秆压块燃料站2018年收储秸秆原料6 000t，其中年产秸秆压块燃料1 400t，生产成本328元，销售价格400元，供应全村350户居民取暖，年收入约10万元。此外，该压块站又结合当地养殖需求，在生产秸秆燃料块的同时，每年生产加工秸秆饲料4 000t，销售给周边牧场，生产成本约380元，销售价格450元，每吨获得纯效益70元。通过拓宽秸秆压块站的经营范围，有效地提升了其经济效益，保证了其可持续运营。

图 3–12 黑龙江省兰西县永久村

3.4.2.4 黑龙江省庆安县欢胜乡永华村户用生物质炉具项目

庆安县欢胜乡永华村现有自然屯 11 个，常住农户 377 户，自 2020 年开始安装户用生物质炉具，现已安装使用 145 台，占常住农户数的 45%。该村安装使用的炉具燃料主要以玉米芯和秸秆成型燃料为主，其特点有 3 个，一是技术先进，双杠连杆转动炉箅，易清灰、易通风，卫生方便；二是设有烟箱清灰门可随时清除管壁积灰，排烟通畅；三是安全稳定，坚固耐烧，多点通风，气化燃烧，高效节能。目前，通过几个取暖季的使用，运行情况良好。自户用生物质炉具使用以来，户均使用生物质燃料 3t，年可替代散煤 1.2t，节约资金 2 100 元，减少二氧化碳排放 1t 以上，既经济又环保。

3.4.3 效益分析

3.4.3.1 技术经济性分析

农村传统炉具和取暖设施热效率仅为 30% ～ 50%，排放不达标，不仅造成大量资源浪费，同时严重影响周边空气质量。农村户用清洁炉具大多采用反烧或正反烧相结合技术，燃料适应性广，一次加料可长时间连续燃烧，燃料燃烧充分，热效率高，有害物质排放低。目前，农村户用清洁炉具的热效率平均值达到 80.8%，烟气污染物中颗粒物 $<30mg/m^3$、

SO_2<10mg/m^3、NO_x<150mg/m^3、CO<0.10%，满足新修订的能源行业标准《清洁采暖炉具技术条件》（NB/T 34006—2020）要求和国家强制性标准《锅炉大气污染物排放标准》（GB 13271—2014）中重点地区锅炉大气污染物特别排放限值。此外，采用农村户用清洁炉具，按 100m^2 建筑一个采暖季耗能费用，采用清洁炉具设备初始投入一般为 1 500 元左右，改造及配套设备等附加投资在 3 000 ～ 4 000 元，运行成本在 1 800 ～ 2 700 元不等，运行费用明显低于电采暖及燃气采暖成本。

农村户用清洁炉具适用于居住分散，特别是农作物秸秆、洁净煤等资源丰富的农村地区。在具体实施过程中，应根据地方资源禀赋，遵循因地制宜原则，一是“宜煤则煤”。根据当地煤种（烟煤、无烟煤、型煤），适配专用节能环保型燃煤炉具，通过烧好煤、少烧煤、少排放，实现煤炭清洁高效利用，减少燃煤污染物排放，如华北、东北等产煤区。二是“宜柴则柴”。指在生物质资源丰富的农林牧区，充分利用生物质燃料，配套专用高效低排放生物质炉具，实现燃煤替代。

3.4.3.2　生态效益分析

（1）二氧化碳减排效益。

①替代煤炭量：

以 3 口之家，住宅使用面积 80m^2 为例，一台户用生物质炉具，满足农户炊事取暖生活用能，每户每年节约民用燃煤 3t 左右，节约标煤约 2.14t。

②民用炉具燃煤二氧化碳排放系数：

根据《全球气候变化和温室气体清单编制方法》所述，化石燃料的 CO_2 排放系数公式是：

$$CO_2\ 排放系数 =（C_P-C_S）\times C_O \times 44/12$$

式中，C_P 为碳含量；C_S 为固碳量；C_O 为碳氧化率。

C_P 取值：碳含量是指燃料的热值和碳排放系数之积。对于煤炭，热值为 0.020 9TJ/t。碳排放系数因煤炭种类而各异，按照中国 4 种煤炭产量加权平均得到平均系数 24.74t/TJ。因此，煤炭的碳含量为：C_P=0.020 9TJ/t×24.74t/TJ=0.517。

C_S 取值：固碳量是指燃料作非能源用，碳分解进入产品而不排放或不立即排放的部分。在秸秆燃料化利用中，固碳量可不考虑，即 C_S=0。

C_O 取值：碳氧化率因燃烧装置不同而差异很大，民用煤炭燃烧碳氧化率为 80%，即 C_O=0.8。

民用炉具燃煤 CO_2 排放系数：

$$CO_2 \text{排放系数} = (C_P - C_S) \times C_O \times 44/12$$
$$= 0.517 \times 0.8 \times 3.67 = 1.517$$

③二氧化碳减排量：

$$\text{减排量} = \text{排放系数} \times \text{民用燃煤替代量}$$
$$= 1.517 \times 2.14 = 3.25\text{t}$$

（2）甲烷减排效益。

①秸秆使用量：

以 3 口之家，住宅使用面积 80m^2 为例，一个户用生物质炉具，每年节约标煤 2.14t，按照各种能源标煤换算系数，一吨秸秆相当于 0.429t 标煤，秸秆每年消耗量约为 4.99t。

②秸秆燃烧的甲烷排放系数：

秸秆燃烧 CH_4 排放系数 = 干物质率 × 干物质含碳率 × 氧化率 × 碳到 CH_4 碳的转化率 ×（CH_4 分子量 / 碳分子量）

根据《中国温室气体排放清单信息库》提供的数据，秸秆干物质率 = 0.9，干物质含碳率 =0.45，氧化率 =0.9，碳到 CH_4 碳的转化率 =0.005，CH_4 分子量 / 碳分子量 =1.333。

秸秆燃烧 CH_4 排放系数 =0.9×0.45×0.9×0.005×1.333=0.002 43

③甲烷减排量：

$$\text{减排量} = \text{排放系数} \times \text{秸秆消耗量}$$
$$= 0.002\,43 \times 4.99 \times 1\,000 = 12.13\text{kg}$$

3.5 “秸秆固化成型燃料 + 生物质成型燃料锅炉”集中供热模式

3.5.1 运行模式

3.5.1.1 模式组成

该模式主要利用生物质成型燃料锅炉，配备秸秆固化成型燃料，生物质成型燃料锅炉运行可靠、自动化程度高，是解决秸秆露天焚烧和小燃煤锅炉“双重污染”的有效技术路线，广泛用于乡村两级具备集中供热管网的农户采暖，也可以满足乡镇政府、学校、卫生院、政府机关、事业单位供暖需求，还可以应用于粮食烘干、畜禽舍采暖等，同燃煤锅炉相比具有排放达标、管理方便、降低运行成本等优势。

3.5.1.2　技术原理

生物质成型燃料锅炉是利用秸秆等生物质成型燃料燃烧加热工质的锅炉。根据输出工质和使用场合不同，可分为蒸汽锅炉和热水锅炉。根据燃烧室不同结构，可分为复炉排锅炉、链条炉排锅炉和循环流化床锅炉。秸秆成型燃料在专用生物质成型燃料锅炉高效燃烧，实现散煤替代。

秸秆成型燃料锅炉主要由炉膛、出灰门、辐射受热面、对流受热面、往复移动炉排、烟囱等组成。根据燃料不同的燃烧状态，炉膛可分为气化区、固定炭燃烧区与挥发分燃烧区 3 部分，在炉膛的上部布置有加料口与一次空气进口，下部侧面有挡渣门与清渣门。往复移动炉排下部为灰室，出灰门设有进空气口与空气调节风门。炉膛四周为水套，外部为保温层。

锅炉燃烧所需的空气由灰门上的进气口进入锅炉后分为 3 部分，一部分空气经上行风道进入燃烧室的上部，作为秸秆成型燃料气化时的气化剂；另一部分空气经挡渣门和炉排进入炉膛与秸秆成型燃料气化后生成的固定炭反应；还有一部分空气通过灰室上部，从挥发分燃烧区下部进入，与从侧面进入的可燃气混合燃烧，生成的高温烟气经对流换热面后从烟囱排出。成型燃料在气化区分为 3 层，上部为储料与干燥层，中部为热解层，下部为氧化层。从加料门加入的生物质原料随一次空气依次经过干燥层、热解层与氧化层。由气化区产生的可燃气进入挥发分燃烧区，进行高温燃烧。生物质成型燃料气化产生的固定炭在炭燃烧区燃烧。

秸秆成型燃料锅炉设置了秸秆成型燃料气化、固定炭燃烧与挥发分燃烧的专用区域，保证了生物质中挥发分的充分燃烧，两处进风的固定炭燃烧设计，减小了炉排的热负荷，降低了固定炭的燃烧温度，可有效防止生物质灰的结渣。

3.5.1.3　主要设备

如图 3–13 所示，秸秆成型燃料锅炉由上炉门、中炉门、下炉门、上炉排、辐射受热面、下炉排、风室、炉膛、排气管、烟道、烟囱等部分组成。

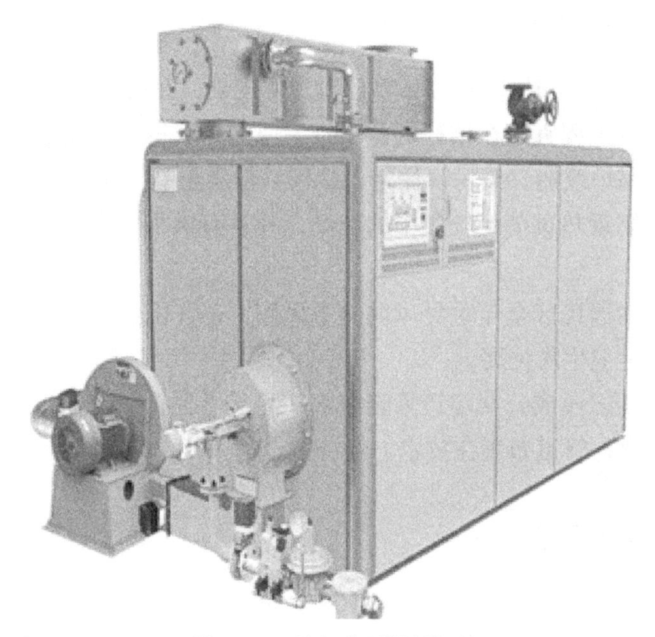

图 3-13　秸秆成型燃料锅炉

该锅炉采用双层炉排结构，即在手烧炉排一定高度另加一道水冷却的钢管式炉排，双层炉排的上炉门常开，作为投燃料与供应空气之用；中炉门用于调整下炉排上燃料的燃烧和清除灰渣，仅在点火及清渣时打开；下炉门用于排灰及供给少量空气，正常运行时微开，开度视下炉排上的燃烧情况而定，上炉排以上的空间相当于风室，上下炉排之间的空间为炉膛，其后墙上设有烟气出口，烟气出口不宜过高，以免烟气短路，影响可燃气体的燃烧和火焰充满炉膛，但也不宜过低，以保证下炉排有必要的灰渣层厚度（100 ～ 200mm)。

双层炉排秸秆成型燃料锅炉的工作原理：一定粒径秸秆成型燃料经上炉门加在炉排上进行下吸燃烧，上炉排漏下的秸秆屑和灰渣到下炉排上继续燃烧和燃尽。秸秆成型燃料在上炉排上燃烧后形成的烟气和部分可燃气体透过燃料层、灰渣层进入上下炉排间的炉膛进行燃烧，并与下炉排上燃料产生的烟气一起，经两炉排间的出烟口流向燃尽室和后面的对流受热面。这种燃烧方式，实现了秸秆成型燃料的分步燃烧，缓解秸秆燃烧速度，达到燃烧需氧与供氧的匹配，使秸秆成型燃料稳定持续完全燃烧，起到了消烟除尘作用。

3.5.1.4 布局要求

供暖工程选址布置应符合城乡建设总体规划，并符合以下要求。

（1）供暖工程宜建在秸秆资源丰富、原料易获得的乡镇或村屯，或结合城镇燃煤锅炉改造，对村镇住宅、学校、企事业单位等进行集中供热。

（2）宜靠近热负荷比较集中的地区，并具有供水、供电等条件，且交通方便。

（3）宜在居民区全年主导风向的下风侧，避开山洪、滑坡等不良地质地段，并满足卫生防疫要求。

（4）根据居民或公共建筑采暖需求，配备供暖管网设施，应便于引出管道，并使室外管道布置在技术、经济上合理。

3.5.2 典型示范

3.5.2.1 河北省保定市生物质成型燃料锅炉利用模式

河北省保定市生物质成型燃料锅炉利用模式以农业园区为依托，引入生物质高效锅炉集中供暖新技术（图 3–14），利用生物质成型燃料替代燃煤，实现清洁能源特别是可再生能源占比大幅提高，同时农业有机废弃物基本得到资源化利用，村庄“生活、生产、生态”三位一体协调推进。该项目实施区域实现供热效果满意度达到 95% 以上，增加区域内农户收益，美化村容村貌，改善空气质量。

本模式自 2021 年起实施，共利用生物质锅炉 2 台，其中 XRS–6000–1.40（S/M）2 蒸吨锅炉 1 台（套），功率 1.40MW，发热量 120 万 kcal；MXRS–12000–2.80(S/M)4 蒸吨锅炉 1 台（套），功率 2.80MW，发热量 240 万 kcal，共计投资 130 万元。该生物质高效锅炉集中供暖技术，利用生物质高效锅炉燃烧生物质成型燃料解决大棚冬季供暖。生物质高效锅炉技术核心是“逆流燃烧理论和二次燃烧技术”。生物质高效锅炉供热系统所产生的 95℃热水在开放式供暖系统或通过热交换器的封闭式供暖系统状态下运行（图 3–15）。

图 3-14　生物质高效锅炉集中供暖

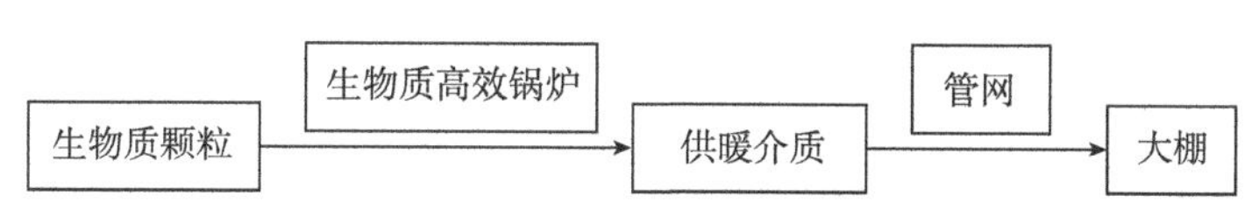

图 3-15　生物质高效锅炉集中供暖流程

该模式运行是以生物质能源代替矿物能源消耗，能够改变煤、油单一的能源结构，确保中国能源和经济的可持续发展。该项目的实施，可以促进中国可再生能源的推广与应用，对加快替代能源战略的实施、保证能源安全具有重要的意义。在实施过程中，生物质锅炉燃烧农村不易利用的农作物秸秆、林业剩余物加工转化的生物质固体燃料，有效提高了农业废弃物利用率，解决秸秆、树枝等乱堆造成的脏乱差问题，消除焚烧隐患。通过使用生物质锅炉燃烧生物质，可有效降低排污指数，保护和改善农村环境。使用生物质锅炉一个采暖季 20 000m^2 采暖，需要燃烧 630t 生物质颗粒，节约原煤 420t 左右，生物质按 2021 年的 750 元 /t 计算，原煤按 2021 年的 1 400 元 /t 计算，节约原料采购费用 11.55 万元。

3.5.2.2　黑龙江省肇源县生物质成型锅炉集中供热项目

2022 年，大庆市肇源县完成了肇源县博茹物业管理服务有限责任公司生物质锅炉改建项目（图 3–16），更新了肇源县民意乡公营子村学府家园和会民家苑 2 个小区的供热方式。该物业公司原有燃煤锅炉 4 蒸吨，年消耗煤炭 980t。新建安装了哈尔滨金泰锅炉有限公司生产的 4 蒸吨生物质锅炉 1 个，供热面积 3.48 万 m^2，每年供暖期在 10 月 20 日到 4 月 20 日，年消耗花生壳、玉米秸秆混合压块燃料 1 470t。按照煤炭每吨 1 100 元价格计算，一个供暖期燃煤需要 107.8 万元，按照生产秸秆压块燃料成本每吨 600 元价格计算，一个供暖期需要 88.2 万元，保守估计节省 19.6 万元。

图 3–16　黑龙江省肇源县生物质成型锅炉集中供热项目

该物业公司购买了秸秆成型燃料加工机器，利用花生壳和玉米秸秆为原料生产压块燃料，形成“自产、自用”管理模式，大大节约了成本。与传统的燃煤锅炉相比，生物质锅炉安全性能较高，生物质燃料是一种清洁燃料，更加节能环保。总体来说具有以下几大优势：一是排放量低。生物质供热接近零碳排放，污染物排放可达天然气标准，部分生物质颗粒燃料燃烧后的灰烬和残留灰渣也可以作为肥料二次利用。二是可持续性强。生物质是唯一的可再生燃料，可储存、可运输，适应供热市场多样化、多元化的需求，并与生态系统相容，资源量大，可获得性强，使用生物质燃料还能够有效促进秸秆综合利用水平。三是经济性好。生物质作为燃料比燃煤价格更低，燃煤系统特别是散煤供热排放之后的综合成本更高。

3.5.2.3 黑龙江省宾县松江铜矿小区生物质成型锅炉集中供热项目

宾县松江铜矿小区如图 3–17 所示，建筑面积约 10 万 m^2，房龄 16 年，保温不好，窗户漏风，在改造为秸秆锅炉供热之前，每年供暖消耗燃煤 5 000t 以上，每年亏损 120 万元以上。为提升宾县松江铜矿小区冬季供暖服务质量，解决燃煤锅炉老化严重、热效率低下、污染物排放不达标和每年供热亏损 100 多万元等问题，急需淘汰 4 台 6 蒸吨老旧燃煤锅炉。经宾县政府常务会研究决定，将松江铜矿小区供暖服务承包给黑龙江禄禧龙辰新能源科技有限公司经营，该公司与宾县物业管理办公室签订合同能源管理协议，承包期限 15 年，由黑龙江禄禧龙辰新能源科技有限公司投资 500 万元安装 2 台 10 蒸吨真空相变秸秆锅炉为松江铜矿小区约 10 万 m^2 建筑冬季供暖。松江铜矿小区秸秆清洁高效供热项目在 2018 年 10 月 10 日开栓供热，供热效果明显好于往年燃煤锅炉供热，室内温度在 23℃以上。采用国内独有国际领先的真空相变秸秆锅炉，已经可靠地稳定供热多年，每年消纳利用秸秆 8 000t 以上。

图 3–17 宾县松江铜矿小区

松江铜矿小区秸秆清洁高效供热项目具有如下特点。

一是合同能源管理方式。松江铜矿小区采取合同能源管理方式，秸秆锅炉投资和供热运营服务全部由黑龙江禄禧龙辰新能源科技有限公司负责。淘汰4台6蒸吨老旧燃煤锅炉，无须用户花一分钱买新锅炉，全部由该公司投资秸秆锅炉及锅炉房内配套设施，承包运营15年。供热费由县物业办代收，根据往年煤炭消耗量及供热情况测算供热成本，确定补贴标准，县物业办每年给该公司补贴60万元。

二是构建秸秆供热三级网络，打造全产业闭合链条，如图3–18所示。由国际领先的秸秆锅炉厂商山东禄禧新能源科技有限公司和国内大型秸秆专业化收运储企业黑龙江龙辰集团有限公司，合资组建黑龙江禄禧龙辰新能源科技有限公司，构建秸秆清洁高效供热三级网络，即秸秆收运储（量足价稳）—高效转化（成型技术+燃烧技术）—应用市场（供暖+蒸汽），打造秸秆清洁供热全产业生态闭合链条。构建秸秆清洁供热三级网络是黑龙江禄禧龙辰新能源科技有限公司的首要任务，更是农业废弃物资源化利用可持续运行的通途。第一级是秸秆收储运网络。秸秆收运储是秸秆能源化的生命线，其根本任务是实现秸秆量足价稳，最大限度降低交易成本。黑龙江禄禧龙辰新能源科技有限公司是国内规模最大的秸秆专业化收运储公司，也是规模最大的秸秆燃料专业化加工企业，公司先后投资2亿元，购买秸秆收运储专业设备560多台（套），2018年秋季在依兰县、阿城区、呼兰区、双城区、宾县共打包作业100多万亩，共打包存储秸秆45万t。2019年秋季在哈尔滨市依兰县、宾县共打包作业50多万亩，共打包存储秸秆约20万t。在依兰县、宾县、阿城区等地自建秸秆压块站23处，形成年产秸秆致密成型燃料50万t的生产能力。第二级是秸秆高效转化网络。秸秆高效转化就是确定技术路线。秸秆“五化”中的能源利用技术路线众多，能源化没有高附加值，对于秸秆原料价格和秸秆转化利用技术能否高效很敏感。禄禧专利技术真空结构生物质燃烧器、真空相变换热和固相低温气相高温复合燃烧技术等真正实现了农作物秸秆清洁燃烧、高效换热和循环利用，热效率比燃煤锅炉大幅提高，1t秸秆成型燃料供热效果相当于1t燃煤，排放符合国家标准，机组真空相变换热安全，无需年检。第三级是秸秆市场应用网络。秸秆应用就是确定商业推广模式。采用合同能源管理模式可以加快秸秆清洁高效供热推广应用。合同能源管理项目遵循“就地就近”利用秸秆的原则，公司就近建站，就地秸秆打捆，就地秸秆加工，就近供应，最大限度利用当地秸秆资源。

图 3–18 构建秸秆供热三级网络

秸秆成型燃料改善了燃烧特性，具有低灰、低硫和低排放特性，秸秆成型燃料替代散煤锅炉供暖在改善大气环境方面作用极为显著。按照黑龙江禄禧龙辰新能源科技有限公司的目标，计划到 2025 年供暖面积实现 2 000 万 m^2，年秸秆消耗量将达到 120 万 t 左右，采用供热站及附近建成的压块站一体化总包运营模式，为公司合同能源管理提供燃料保障，这样既盘活了秸秆压块站等已有资产，也为公司节约了投资，极大地促进黑龙江省秸秆综合利用水平。

3.5.3 效益分析

3.5.3.1 技术经济性分析

生物质成型燃料锅炉适用以种植业为主的乡镇村屯，该区域作物秸秆资源丰富易得，冬季取暖能耗高，燃煤资源相对紧缺，可有效促进农业农村节能减排，提升秸秆综合利用率，缓解区域能源供给压力。在投资运营方面，该模式建设资金需求主要包括前期设备投资和后期运行费用；设备投资包括生物质成型燃料锅炉设备设施和农户终端用热设备暖气片投资；运行费用包括锅炉设备运行费用和农户供暖费。从投资需求来看，该模式资金需求量大，一次性设备投资高，依靠农民投资难度大，必须依靠政府投资，在政府投资不足的情况下，可采用政府担保的方式，发挥信贷资金的作用。与传统的散煤采暖方式相比，该模式技术成熟可靠，有效降低供暖成本，具有更好的经济性和市场竞争优势。根据部分生物质成型燃料锅炉运行情况分析，每蒸吨造价15万元左右，可带供热面积8 000m^2，每平方米供暖消耗秸秆成型燃料60～80kg，秸秆成型燃料成本为350元/t，单位面积供暖成本约24元左右，与燃煤相比，按每吨燃煤650元价格计算，每平方米供热成本28元左右，降低了运行成本。

3.5.3.2 生态效益分析

（1）二氧化碳减排效益。

①替代煤炭量：

以较常见的2蒸吨生物质成型燃料锅炉为例，每蒸吨生物质成型燃料锅炉供热面积按照6 000m^{2}计算，一个供暖季每平方米节约民用燃煤40kg，按照各种能源标煤换算系数，1t民用燃煤相当于0.714t标煤，2蒸吨生物质锅炉节约标煤量为：

$$6\ 000\times40\times0.714\times2\div1\ 000=342.72\text{t}$$

②民用炉具燃煤二氧化碳排放系数：

根据《全球气候变化和温室气体清单编制方法》所述，化石燃料的CO_2排放系数公式是：

$$CO_2\text{排放系数}=(C_P-C_S)\times C_O\times44/12$$

式中，C_P为碳含量；C_S为固碳量；C_O为碳氧化率。

C_P取值：碳含量是指燃料的热值和碳排放系数之积。对于煤炭，热值为0.020 9TJ/t。碳排放系数因煤炭种类而各异，按照中国4种煤炭产量加权平均得到平均系数24.74t/TJ。因此，煤炭的碳含量为：C_P=0.020 9TJ/t×24.74t/TJ=0.517。

C_S取值：固碳量是指燃料作非能源用，碳分解进入产品而不排放或不立即排放的部分。在秸秆燃料化利用中，固碳量可不考虑，即C_S=0。

C_O取值：碳氧化率因燃烧装置不同而差异很大，民用炉具燃煤燃烧碳氧化率为80%，即C_O=0.8。

民用燃煤CO_2排放系数：

$$CO_2\text{排放系数}=(C_P-C_S)\times C_O\times44/12$$
$$=0.517\times0.8\times3.67=1.517$$

③二氧化碳减排量：

$$\text{减排量} = \text{排放系数} \times \text{民用燃煤替代量}$$
$$=1.517 \times 342.72=519.91\text{t}$$

（2）甲烷减排效益。

①秸秆使用量：

以较常见的2蒸吨生物质成型燃料锅炉为例，每蒸吨生物质成型燃料锅炉供热面积按照6 000m^2计算，一个供暖季每平方米节约民用燃煤40kg，按照各种能源标煤换算系数，1t秸秆相当于0.429t标煤，2蒸吨生物质锅炉秸秆消耗量为：

$$6\,000 \times 40 \times 0.714 \times 2 \div 0.429=798.88\text{t}$$

②秸秆燃烧的甲烷排放系数：

秸秆燃烧CH_4排放系数 = 干物质率 × 干物质含碳率 × 氧化率 × 碳到CH_4碳的转化率 ×（CH_4分子量 / 碳分子量）

根据《中国温室气体排放清单信息库》提供的数据：秸秆干物质率 = 0.9，干物质含碳率 =0.45，氧化率 =0.9，碳到CH_4碳的转化率 =0.005，CH_4分子量 / 碳分子量 =1.333。

秸秆燃烧CH_4排放系数 =0.9×0.45×0.9×0.005×1.333=0.002 43

③甲烷减排量：

$$\text{减排量} = \text{排放系数} \times \text{秸秆消耗量}$$
$$=0.002\,43 \times 798.88 \div 1\,000=1.94\text{t}$$

3.6　秸秆炭气油多联产利用模式

3.6.1　运行模式

3.6.1.1　模式组成

秸秆炭气油多联产技术是将秸秆经烘干或晒干、粉碎，在干馏釜（图3-19）中隔绝空气加热，制取醋酸、甲醇、木焦油抗聚剂、木馏油和木炭等产品的方法。根据温度的不同，干馏可分为低温干馏（温度为500～580℃）、中温干馏（温度为660～750℃）和高温干馏（温度为900～1 100℃）。

100kg秸秆能够生产秸秆木炭30kg、秸秆醋液50kg、秸秆气体18kg。在传统木炭生产逐渐萎缩的形势下，秸秆干馏拓展了木炭生产的原料来源。通过秸秆炭化生产机制秸秆木炭，不仅可减少木材消耗，而且原料丰富，原料成本低，在炭的质量上也远胜于用传统的焙烧方式生产的木材木炭。优质的秸秆木炭可用于冶金业、化工业、纺织印染业等。

图 3–19　秸秆炭气油多联产干馏釜

秸秆醋液作为一种天然的农业生产资料，对人、畜无毒副作用，是民用化学品和农用化学品的理想替代物，具有防虫、防病、促进作物生长的功效，可用于养殖和公共场所的消毒、除臭等，用于蔬菜、水果等农作物的病虫害防治，效果明显，并可生产出无公害农产品。秸秆干馏过程中产生的可燃气主要成分为 CO_2、CO 和 H_2 等，其产量与组成因温度和加热速度不同而各异，可用于供暖或为农村居民提供生活用能。

秸秆的热裂解及气化还可产生生物炭，同时可获得生物油及混合气。生物油及混合气可升级加工为氢气、生物柴油或化学品，这有助于减轻对化石能源或原料的依赖。生物炭是生物质在缺氧及低氧环境中热裂解后的固体产物，大多为粉状颗粒，是一种碳含量极其丰富的炭，其中的碳元素被矿化后很难再分解，可以稳定地将碳元素固定长达数百年。为了应对全球气候变化，生物炭正成为人们关注的焦点，在农业领域，生物炭作为一种农业增汇减排技术途径得到不断开发和应用，主要作为土壤改良剂、肥料缓释载体及碳封存剂等。

3.6.1.2　技术原理

该技术是将秸秆经烘干或晒干、粉碎，在干馏釜中隔绝空气加热，制取醋酸、甲醇、木焦油抗聚剂、木馏油和木炭等产品的方法，也称秸秆炭气油多联产技术。通过秸秆干馏生产的木炭可称之为机制秸秆木炭或机制木炭。根据温度的不同，干馏可分为低温干馏（温度为 500 ～ 580℃）、中温干馏（温度为 660 ～ 750℃）和高温干馏（温度为 900 ～ 1 100℃）。

（1）热解原理。从化学反应的角度对其进行分析，生物质在热解过程中发生了复杂的热化学反应，包括分子键断裂、异构化和小分子聚合等反应。木材、林业废弃物和农作物废弃物等的主要成分是纤维素、半纤维素和木质素。热重分析结果表明，纤维素在 52℃时开始热解，随着温度的升高，热解反应速度加快，到 350 ～ 370℃时，分解为低分子产物，其热解过程为：

$(C_6H_{10}O_5)n \rightarrow nC_6H_{10}O_5$

$C_6H_{10}O_5 \rightarrow H_2O+2CH_3-CO-CHO$

$CH_3-CO-CHO+H_2 \rightarrow CH_3-CO-CH_2OH$

$CH_3-CO-CH_2OH+H_2 \rightarrow CH_3-CHOH-CH_2+H_2O$

半纤维素结构上带有支链，是木材中最不稳定的组分，在 225 ～ 325℃分解，比纤维素更易热分解，其热解机理与纤维素相似。从物质迁移、能量传递的角度对其进行分析，在生物质热解过程中，热量首先传递到颗粒表面，再由表面传到颗粒内部。热解过程由外至内逐层进行，生物质颗粒被加热的成分迅速裂解成木炭和挥发分。其中，挥发分由可冷凝气体和不可冷凝气体组成，可冷凝气体经过快速冷凝可以得到生物油。一次裂解反应生成生物质炭、一次生物油和不可冷凝气体。在多孔隙生物质颗粒内部的挥发分将进一步裂解，形成不可冷凝气体和热稳定的二次生物油。同时，当挥发分气体离开生物颗粒时，还将穿越周围的气相组分，在这里进一步裂化分解，称为二次裂解反应。生物质热解过程最终形成生物油、不可冷凝气体和生物质。

（2）热解过程。根据热分解过程的温度变化和生成产物的情况等特征，炭化过程大体上可分为如下 4 个阶段。

①干燥阶段。这个阶段的温度在 120 ～ 150℃，热解速度非常缓慢，主要是木材中所含水分依靠外部供给的热量进行蒸发，木质材料的化学组成几乎没有变化。

②预炭化阶段。这个阶段的温度在 150 ～ 275℃，木质材料热分解反应比较明显，木质材料化学组成开始发生变化，其中不稳定的组分，如半纤维素分解生成二氧化碳、一氧化碳和少量醋酸等物质。

以上两个阶段都要外界供给热量来保证热解温度的上升，所以又称为吸热分解阶段。

③炭化阶段。这个阶段的温度在 275 ～ 450℃，在这个阶段中，木质

材料急剧地进行热分解，生成大量分解产物，生成的液体产物中含有大量醋酸、甲醇和木焦油，生成的气体产物中二氧化碳含量逐渐减少，而甲烷、乙烯等可燃性气体逐渐增多。这一阶段放出大量反应热，所以又称为放热反应阶段。

④煅烧阶段。温度上升至450～500℃，这个阶段依靠外部供给热量进行木炭的煅烧，排出残留在木炭中的挥发性物质，提高木炭的固定碳含量，这时生成液体产物已经很少。

（3）热解影响因素。总的来讲，影响热解的主要因素包括化学和物理两大方面。化学因素包括一系列复杂的一次反应和二次反应；物理因素主要是反应过程中的传热、传质以及原料的物理特性等。具体的操作条件表现为温度、材料、催化剂、滞留时间、压力和升温速率。

①温度。在生物质热解过程中，温度是一个很重要的影响因素，它对热解产物分布、组分、产率和热解气热值都有很大的影响。生物质热解最终产物中气、油、炭各占比例的多少，随反应温度的高低和加热速度的快慢有很大差异。一般地说，低温、长期滞留的慢速热解主要用于最大限度地增加炭的产量，其质量产率和能量产率分别达到30%和50%（质量分数）。温度小于600℃的常规热解时，采用中等反应速率，生物油、不可凝气体和炭的产率基本相等；闪速热解温度在500～650℃范围内，主要用来增加生物油的产量，生物油产率可达80%（质量分数）；同样的闪速热解，若温度高于700℃，在非常高的反应速率和极短的气相滞留期下，主要用于生产气体产物，其产率可达80%（质量分数）。当升温速率极快时，半纤维素和纤维素几乎不生成炭。

②材料。生物质种类、分子结构、粒径及形状等特性对生物质热解行为和产物组成等有着重要的影响。这种影响相当复杂，与热解温度、压力、升温速率等外部特性共同作用，在不同水平和程度上影响着热解过程。由于木质素较纤维素和半纤维素难分解，因而通常含木质素多者焦炭产量较大；而半纤维素多者，焦炭产量较小。在生物质构成中，以木质素热解得到的液态产物热值最大；气体产物中以木聚糖热解得到的气体热值最大。生物质粒径的大小是影响热解速率的决定性因素。粒径在1mm以下时，热解过程受反应动力学速率控制，而当粒径大于1mm时，热解过程中还同时受到传热和传质现象的控制。大颗粒物料比小颗粒物料传热能力差，颗粒内部升温要迟缓，即大颗粒物料在低温区的停留时间要长，从而对热解产物的分布造成了影响。随着颗粒粒径的增大，热解产物中固相炭的产量增大。从获得更多

生物油角度看，生物质颗粒的尺寸以小为宜，但这无疑会导致破碎和筛选有难度，实际上只要选用小于 1mm 的生物质颗粒就可以了。

③催化剂。有关研究人员用不同的催化剂掺入生物质热解试验中，不同的催化剂起到不同的效果。如碱金属碳酸盐能提高气体、碳的产量，降低生物油的产量，而且能促进原料中氢释放，使空气产物中的 H_2/CO 增大；K^+ 能促进 CO、CO_2 的生成，但几乎不影响 H_2O 的生成；NaCl 能促进纤维素反应中 H_2O、CO、CO_2 的生成；加氢裂化能增加生物油的产量，并使油的分子量变小。另外，原料反应得到的产物在反应器内停留时间、反应产出气体的冷却速度、原料颗粒尺寸等，对产出的炭、可燃性气体、生物油（降温由气体析出）的产量比例也有一定影响。

④滞留时间。滞留时间在生物质热解反应中有固相滞留时间和气相滞留时间之分。固相滞留时间越短，热解的固态产物所占的比例就越小，总的产物量越大，热解越完全。在给定的温度和升温速率的条件下，固相滞留时间越短，反应的转化产物中的固相产物就越少，气相产物的量就越大。气相滞留时间一般并不影响生物质的一次裂解反应过程，而只影响到液态产物中生物油发生的二次裂解反应进程。当生物质热解产物中的一次产物进入围绕生物质颗粒的气相中，生物油就会发生进一步的裂化反应，在炽热的反应器中，气相滞留时间越长，生物油的二次裂解发生的就越严重，二次裂解反应增多，放出 H_2、CH_4、CO 等，导致液态产物迅速减少，气体产物增加。所以，为获得最大生物油产量，应缩短气相滞留时间，使挥发产物迅速离开反应器，减少焦油二次裂解的时间。

⑤压力。压力的大小将影响气相滞留时间，从而影响二次裂解，最终影响热解产物产量的分布。随着压力的提高，生物质的活化能减小，且减小的趋势渐缓。在较高的压力下，生物质的热解速率有明显的提高，反应也更激烈，而且挥发产物的滞留时间增加，二次裂解较大；而在低的压力下，挥发物可以迅速从颗粒表面离开，从而限制了二次裂解的发生，增加了生物油产量。

⑥升温速率。升温速率对热解的影响很大。一般对热解有正反两方面的影响。升温速率增加，物料颗粒达到热解所需温度的相应时间变短，有利于热解。随着升温速率的增大，温度滞后就越严重，热重曲线和差热曲线的分辨力就会越低，物料失重和失重速率曲线均向高温区移动。热解速率和热解特征温度（热解起始温度、热解速率最快的温度、热解终止温

度）均随升温速率的提高呈线性增长。在一定热解时间内，慢加热速率会延长热解物料在低温区的停留时间，促进纤维素和木质素的脱水和炭化反应，导致炭产率增加。气体和生物油的产率在很大程度上取决于挥发物生成的一次反应和生物油的二次裂解反应的竞争结果，较快的加热方式使得挥发分在高温环境下的滞留时间增加，促进了二次裂解的进行，使得生物油产率下降、燃气产率提高。

3.6.1.3 工艺流程

生物质炭、气、油、电联产系统是由原料收集储存、原料制备、干馏净化、气体储存、燃气发电、管网输送及用户设施等部分组成。

各种生物质原料（木材、木屑、秸秆、树根、果核和果壳等）经过收集、过磅之后存储在原料储存库里。炭化时，把生物质原料放在敞开式快速炭化窑炭化设备内点燃进行热分解。在热解过程，发生一系列复杂化学反应，产生很多新生产物，主要包括生物质炭、木焦油、木醋液和可燃性气体，可燃性气体经过净化、提纯可以通过管网输送到用户，也可以通过发电机组发电。

（1）生物质原料的收集。由于生物质原料质地疏松、密度小、体积大，给采集、储运带来许多不便，民间谚语“十里不送草”，意即超过十里地运输的成本就超过了所运草质的本身成本，是不合算的买卖，因此在选点时一定要紧靠原料集中地，以节省原料收集成本。原料的收集主要依靠秸秆收储运企业把原料运送到厂房。

（2）生物质原料的制备。将玉米秸秆、稻草等生物质轧制成20～40mm长的段状原料，水分控制在10%～30%，搅拌均匀。用压块机在高温高压下将原料轧制成块，体积与火柴盒接近。这种成型机功率小、效率高，生产成本大大低于螺杆挤棒机。这种压块除用于炭化外，还可作为饲料饲养牲畜。

（3）生物质的干馏净化。将原料棒或压块放入到敞开式快速炭化窑中，生物质的化学组成非常复杂，通过干馏热解技术，高分子化合物将生成小分子化合物，随着反应温度的提高，这些高分子化合物进一步分解成分子量更小的化合物，其生成物有固态的炭、液态的生物油与气态的生物质燃气。热解过程发生在敞开式快速炭化窑中。

将经粉碎烘干的原料压缩成生物质压块，将生物质压块转入敞开式快速炭化窑的炭化窑体内，采用上点火方式将原料点燃，当温度达到 190℃时，在自然环境下进行原料断氧，使窑内原料炭化 6 ～ 8h 后降温，用循环水阀门和温控显示仪控制操作，生产出无定形炭块。窑体与分离装置冷凝器连接，冷凝器下方设有安装排水阀的给水管道，一侧设有秸秆醋液流槽，产生的秸秆醋液通过流槽流入到醋液储存池内；另一侧设有与引风机连通的秸秆焦油流槽，产生的秸秆焦油通过流槽流入到秸秆焦油池内；引风机与储气柜连接，产生的可燃性气体通过连接管道输送到储气柜内。循环水池设置在窑体外，窑体内安装与温度显示仪连接的温度测试探头测试窑体内温度。

（4）生物质燃气净化。生物质原料经高温热所生成的高温燃气含有一定量的灰分与焦油等杂质，对下一步的储存与输送具有较大的影响。本系统完善的燃气净化设备，由降温除尘、碱洗去酸、干式过滤与燃气输送机等组成，净化后的燃气可储存到储气柜，经管网输送到用户，用于炊事、采暖等，也可输送到发电机组发电，提供电力。

（5）生物质燃气储存和输送。需要建设专用的输送管路将生物质燃气送到每个用户，可采用干式气柜储存气体，气柜密封可靠、结构简单、制作容易、使用安全。该气柜既有储气功能，又可为燃气管网提供恒定的压力，可以保证 3km 范围内，灶前压力保证早、午、晚炊事用气高峰时段向用户平稳供气，也可保证系统稳定生产。此外，通过发电机组产生的电力可以直接上网，通过已有的供电线路进行供电。

（6）生物质燃气发电。生物质燃气通过提纯净化后输送到发电机组上，在输送管线上设置了专用阻火器、流量计等，通过沼气发电机组将燃气转化为电能，可以通过电网输送到农户和用电企业。根据燃气发电机组的性能要求，发电机组冷却外循环方式采用开式循环，由玻璃钢冷却塔、冷却水池和冷却循环水泵组成强制循环系统。燃气发电机组冷却系统分为内外两个循环系统，内循环系统通过机组配带的换热器进行换热，内外循环又分高、低温冷却循环系统。高温冷却内循环主要是冷却发动机机体、汽缸盖等部位，低温冷却内循环主要是冷却机油和空气。在机房内安装一高价软化水箱，通过自然压差向机组冷却内循环系统补水。

（7）户用端能源供应。生物质燃气通过管网输送到每一个用户家中，解决用户冬季取暖、全年炊事和用电问题。生物质燃气通过燃气管网输送到终端，每个终端都要安装专用燃气灶具、流量计等设备，在厨房里要粘贴生物质燃气安全使用明白纸，以便安全用气；通过发电机组产生的电能接入到电网后输送到每个用户终端和企业。在冬季，生物质燃气燃烧带动锅炉，将燃气转变成热能进行采暖。

3.6.1.4 适宜领域

（1）农业。生物炭在农业上的应用是指在土壤中加入生物炭颗粒或载有菌体、肥料或与其他材料混配的功能型生物炭复合材料，主要功能包括改良土壤，增加地力，改善植物生长环境，提高土地生产力及产品品质。应用领域主要是农田、林地和草坪。

（2）可再生能源。能源生物炭燃烧性能好，具有发热值高、清洁、无污染等特点。产出的“炭化生物质煤”具有较高的堆密度与强度，便于储藏、运输，且清洁环保，燃烧效率高，可替代燃气、煤炭等不可再生能源，是农村分散供热、供暖的新能源，也可用于城市集中供暖、发电等。

（3）环境保护。由于生物炭具有良好的吸附性能和稳定的化学性质，耐强酸、强碱，能经受水浸、高温、高压作用，不易破碎，能减少诸如重金属、残留农药等有毒物质对作物的伤害；生物炭对一些气体吸附容量按生物炭容积的倍数计，用生物炭吸附重金属及有害气体等操作简单、经济可行、效果良好。

（4）炊事、照明等生物炭的副产品包括焦油、裂解气、木醋液等。焦油和裂解气作为慢速热裂解生产生物炭过程中的副产品，是一种潜在的能源物质和化工原料，焦油中主要含有醛、酮、酸、酯、醇、呋喃、酚类有机物、水等，可作为液体燃料可用于窑炉、锅炉等产热设备。裂解气中 CH_4 的含量约为60%，二氧化碳约为35%，还含有少量的 H_2、CO等气体。裂解气的低位热值约为 $21MJ/m^3$。裂解气通过净化后可直接燃烧用于炊事、烘干农副产品、供暖、照明等用途。

（5）有机农作物。木醋液是指生物质热裂解冷凝后产生的碱性馏出液，木醋液主要成分为酚类和酮类。可用作家畜饲养场所的消毒剂、除臭剂，也可以用于农药助剂或农药，或促进作物生长的叶面肥，特别是在有机农作物中有显著效果。木醋液作为叶面肥主要作用为增进作物根部与叶片的活力，减缓老化，降低果实酸度，延长果实储藏时间，提高风味；防治土壤与叶片上一些病虫害，促进土壤有益微生物的繁殖，增加农药效果等。

3.6.2 典型示范

3.6.2.1 山西省潞城区成家川村生物质气炭联产集中供热工程

山西省长治市潞城区成家川村是全国农村可再生能源示范村，主要示范以生物质气炭联产集中供热技术为主的清洁能源利用技术，潞城区成家川村生物质气炭联产集中供热项目（图 3–20）占地面积约 8 亩，建有一座生物质气炭联产制气站，为 762 户农村居民和小学、村委会 3 个公共单位供暖，供暖面积 8.9 万 m^2，每年可产生物炭 600t，总投资 1 900 万元，由山西创蓝生物科技股份有限公司建设运营，2019 年建成投产。主要建设内容包括生物质气炭联产装置 3 套，燃气净化系统，换热装置 1 套，一次热水管道 2 000m，二次热水管道 5 000m 以及原料仓库、产品库等配套设施。

图 3–20 潞城区成家川村生物质气炭联产集中供热项目

该工程建成生物质气、炭、电、暖、肥联产生产线，以当地秸秆、玉米芯、天然果壳等生物质为原料，经过气化炉控制燃烧受热分解，形成生物炭、热解油和不可冷凝气体等产物，多级净化后实现气液分离，产生的可燃气体经燃气站内锅炉直接燃烧，以热水管网输送的方式，为当地农户冬季取暖提供热源；产生的热解油催化处理后作为燃料利用；产生的生物炭成型后能源化利用或复混后肥料化利用。原料收集主要以农户自行将农林废弃物送到企业为主，企业以每吨 400 元的价格进行收购。当地财政一个采暖季每户补贴 1 200 元。该工程经过几年的稳定运行，探索出了一条财政可承受、百姓可接受、企业可盈利的持续发展模式。该工程每年消纳

4 500余吨农林废弃物，带动农民销售增收180万元，解决了762户农村居民和小学、村委会3个公共单位冬季清洁取暖问题，产生的生物炭主要销往蚊香厂，实现了能源化、资源化的综合高效利用。

从企业角度看，每年原料、人工工资、电费、维护费等总支出218万元。每个采暖季取暖费实际收入为225万元（供热收费标准参照当地集中供热收费标准，每平方米一个采暖季农户缴纳18元，另外当地财政补贴12元）。年产生物炭600t，以每吨1 400元的价格销售给蚊香厂，生物炭的销售收入为84万元。实现年利润总额91万元。从用户角度看，供暖面积按100m^2/户测算，一个供暖季（120天）每户需1 800元，比燃煤取暖户均节省支出1 100元。该工程将农林废弃物转化为清洁能源，并直接应用于农村供暖，实现了“变废为宝”，对于改善农村生态环境、改变农民用能结构、提高农业附加值、促进农业可持续发展等均具有重要意义。

3.6.2.2 山西省阳城县秸秆炭、电、热联产清洁利用项目

如图3–21所示，山西省阳城县炭、电、热联产清洁利用项目位于阳城县东冶镇东冶村，项目总装机1.5MW，年发电量1 080万kW·h，总投资3 000万元，由阳城县东冶水电公司和北京乡电电力有限公司合作建设，由北京乡电电力有限公司运营。2017年1.5MW机组正式并网发电。2022年1月纳入国家可再生能源电价补贴目录。该项目的主要建设内容包括1台流化床气化炉、3台500kW燃气内燃发电机组、配套1台2.2蒸吨余热蒸汽锅炉。

图3–21　山西省阳城县炭、电、热联产清洁利用项目

该项目建立了“1+1+1”运营模式。3个“1”分别为秸秆收储运体系、燃气生产体系、发电运行体系。秸秆收储运体系主要由政府专门成立阳城县晨东农业服务有限公司，主要承担生物质电厂周边乡镇农作物秸秆收集、储存以及林业废弃物的加工利用。秸秆收储采用“公司+村集体+农户”的运营模式，实行分散收集、集中收储、集中利用，由村集体组织农户将各家田地的秸秆送往村级收储站，收储公司将村级收储站的秸秆打包运至镇级收储中心。秸秆经筛选、粉碎、烘干、晾晒、打包，优质秸秆作为饲料销售给养殖户，废弃秸秆压块成型供生物质发电企业发电，确保了生物质发电项目的原料供应。燃气生产体系主要由北京乡电电力有限公司负责。发电运行体系主要由阳城县东冶水电公司负责。该项目将收集的农林废弃物原料切割至5～8cm后，经压块设备轻压送到炉前料仓，经螺旋给料器从炉子底部送入流化床气化炉内，生物质在高温（炉温850℃以内）、缺氧的流化床内被瞬间热解气化为生物质燃气和炭灰，生物质燃气经过两级旋风除尘后，冷却到50℃左右，再经过高压静电除焦系统，彻底清除燃气中的焦油与灰尘，得到清洁的常温生物质燃气，通过燃气发电机进行发电，利用燃气发电机尾气回收余热供暖，热解后的炭灰含碳量45%左右，主要加工成碳棒、活性炭等产品。

该项目每年可利用生物质废弃资源1.9万t，年发电量1 080万kW·h，年生产炭灰2 000t，年销售收入810万元。项目每年为周边200余户农户供暖，供暖面积约2万m^2。项目每年可节约标煤2 700万t，减少二氧化碳排放7 100t，具有很好的生态效益。

3.6.3 效益分析

3.6.3.1 技术经济性分析

本项目是落实科学发展观、转变用能方式，实现经济社会可持续发展的重要举措，完全符合国家提出的低碳发展、节能减排和秸秆能源化利用的政策，以炭、气、电、油联产的专利生产技术，是在把秸秆能源由农业产品转化为工业化产品充分利用的背景下提出的。项目的建设符合国家的环保政策、产业政策和可再生能源政策，也为新农村建设集约化村庄提供了新的思路。项目建设对于解决露天农作物秸秆焚烧引起的大气污染，加快推进秸秆能源化利用、培养秸秆能源产品应用市场具有典型示范作用。

3.6.3.2 生态效益分析

（1）二氧化碳减排效益。

①替代煤炭量：

以山西省阳城县秸秆炭、电、热联产清洁利用项目为例，该项目每年可利用生物质废弃资源 1.9 万 t，按照各种能源标煤换算系数，1t 秸秆相当于 0.429t 标煤，节约标煤量为：

$$1.9\times0.429\times10\,000=8\,151\text{t}$$

②民用炉具燃煤二氧化碳排放系数：

根据《全球气候变化和温室气体清单编制方法》所述，化石燃料的 CO_2 排放系数公式是：

$$CO_2\text{ 排放系数}=(C_P-C_S)\times C_O\times44/12$$

式中，C_P 为碳含量；C_S 为固碳量；C_O 为碳氧化率。

C_P 取值：碳含量是指燃料的热值和碳排放系数之积。对于煤炭，热值为 0.020 9TJ/t。碳排放系数因煤炭种类而各异，按照中国 4 种煤炭产量加权平均得到平均系数 24.74t/TJ。因此，煤炭的碳含量为：

$$C_p=0.020\,9\text{TJ/t}\times24.74\text{t/TJ}=0.517。$$

C_S 取值：固碳量是指燃料作非能源用，碳分解进入产品而不排放或不立即排放的部分。在秸秆燃料化利用中，固碳量可不考虑，即 C_S=0。

C_O 取值：碳氧化率因燃烧装置不同而差异很大，民用炉具燃煤燃烧碳氧化率为 80%，即 C_O=0.8。

民用燃煤 CO_2 排放系数：

$$\begin{aligned}CO_2\text{ 排放系数}&=(C_P-C_S)\times C_O\times44/12\\&=0.517\times0.8\times3.67=1.517\end{aligned}$$

③二氧化碳减排量：

$$\begin{aligned}\text{减排量}&=\text{排放系数}\times\text{民用燃煤替代量}\\&=1.517\times8\,151\div10\,000=1.24\text{ 万 t}\end{aligned}$$

（2）甲烷减排效益。

①秸秆使用量：

以山西省阳城县秸秆炭、电、热联产清洁利用项目为例，该项目每年可利用生物质废弃资源 1.9 万 t。

②秸秆燃烧的甲烷排放系数：

秸秆燃烧 CH_4 排放系数 = 干物质率 × 干物质含碳率 × 氧化率 × 碳

到 CH_4 碳的转化率 ×（CH_4 分子量 / 碳分子量）

根据《中国温室气体排放清单信息库》提供的数据：秸秆干物质率 = 0.9，干物质含碳率 =0.45，氧化率 =0.9，碳到 CH_4 碳的转化率 =0.005，CH_4 分子量 / 碳分子量 =1.333。

秸秆燃烧 CH_4 排放系数 =0.9×0.45×0.9×0.005×1.333=0.002 43

③甲烷减排量：

减排量 = 排放系数 × 秸秆消耗量

=0.002 43×1.9×10 000=46.17t

4 秸秆气化利用模式

4.1 户用秸秆沼气利用模式

1958年，毛泽东在湖北省武汉市、安徽省等地视察农村沼气时指出，沼气又能点灯，又能做饭，又能作肥料，要大力发展，要好好推广。

1980年7月，邓小平在四川省视察农村沼气时指出，发展沼气很好，是个方向，可以因地制宜解决农村能源问题，沼气发展要有一个规划，要有明确奋斗目标和方向。要抓科研，沼气池也要搞“三化”，即标准化、系列化、通用化，不这样不好管理，也保证不了质量，这是一件大好事，大家要重视一下。1982年9月，邓小平再次强调，搞沼气还能改善环境卫生，提高肥效，可以解决农村大问题。

1991年3月，江泽民同志在湖南考察农村沼气时指出，农村发展沼气很重要，一可以方便农民生活，二可以保护生态环境。

2003年以来，胡锦涛在江西省赣州市、河南省梁园区、河北省张家口市分别考察了解了农村沼气建设情况，并给予充分肯定。

温家宝2002年9月批示，发展农村沼气，既有利于解决农民生活能源，又有利于保护生态环境，确实是一项很有意义、很有希望的公益设施建设。积极稳妥地推进这项工作，必须坚持科学规划、因地制宜，必须加强领导，建立合理的投资机制，发挥国家、集体、农民的积极作用，必须把发展农村沼气同农业结构调整特别是发展养殖业结合起来，同农村改厕、改水等社会事业结合起来，同退耕还林、保护生态结合起来。开展这项工作，要通过典型示范，总结经验，逐步推广。

1969年初，不满16岁的习近平从北京来到梁家河大队插队。在梁家河的7年岁月里，他看到了人民群众的根本，真正理解了老百姓，也树立了为老百姓办实事、为人民奉献自己的理想信念。1974年1月，习近平当选为大队党支部书记。他一直琢磨着如何能改变梁家河面貌，改善村民们的生活质量。一天，习近平在《人民日报》看到四川推广利用沼气的报道。他赶到四川学习考察，回来后着手试验办沼气。然而，难题一个接着一个，远比想象的多。村民的院落都是打窑洞时用土填起来的，土壤松软，不适宜挖沼气池，池子在哪里建？沼气池的池盖对石板的厚度和整体性要求很高，梁家河没有，怎么办？村里村外的路蜿蜒狭窄，运送水泥沙石的架子车没法走，材料怎么运？秉持着一定要把沼气办成的信念，习近平一个一个地解决难题。经过反复测量，试验池最后选在了知青居住点旁边，这里的土壤密度相对要大一些。没有石头，习近平带人在烂泥滩里铲去一米多厚的土层，挖出了石头。他还带着几个青年去村外挖沙子，一袋一袋往回背，背上磨破了皮，没人喊一声累。在习近平的执着努力下，梁家河的沼气池终于建成了。这也成了陕西第一口沼气池。多年后，习近平回忆这段经历时说："第一口池子是颇费功夫的，一直看到这个沼气池两边的水位在涨，但是就是不见气出，最后一捅开，溅得我满脸是粪，但是气就呼呼往外冒。我们马上接起管子后，沼气灶上冒出一尺高的火焰。"

2014 年 6 月 13 日，在中央财经领导小组第六次会议上，以习近平同志为核心的党中央高瞻远瞩、审时度势，创造性地提出了"四个革命、一个合作"能源安全新战略，为新时代能源发展擘画出宏伟蓝图。习近平指出，要推动能源消费革命，抑制不合理能源消费；要推动能源供给革命，建立多元供应体系；要推动能源技术革命，带动产业升级；要推动能源体制革命，打通能源发展快车道；要全方位加强国际合作，实现开放条件下能源安全。

2016 年，习近平主持召开中央财经领导小组第十四次会议指出，推进北方地区冬季清洁取暖是大事，关系北方地区广大群众温暖过冬，关系雾霾天能不能减少，并明确要求要按照企业为主、政府推动、居民可承受的方针，宜气则气，宜电则电，尽可能利用清洁能源，加快提高清洁供暖比重。

4.1.1　运行模式

4.1.1.1　模式组成

该模式由日光温室、厕所和沼气池组成。该模式是由北方农村能源生态模式即“四位一体”演变而来的，因随着生猪养殖规模化进程，农户分散养殖数量急剧下降，一家一户建设的猪舍数量骤减。该模式以土地资源为基础，以太阳能为动力，以沼气为纽带，将沼气池、厕所、日光温室组合在一起，构成田园生态模式体系。厕所粪尿和日光温室作物秸秆作为沼气发酵的主要原料，沼气池为日光温室作物生长提供了优质有机肥料，沼气可以为日光温室提供照明，沼气燃烧释放热量可以提升日光温室温度，日光温室的适宜温度为作物生长、沼气发酵提供了良好条件，保证了北方地区沼气池正常运行。从而在同一块土地上，实现产气积肥同步，地上地下空间合理利用的生态循环农业。

4.1.1.2 技术原理

该模式的核心是户用秸秆沼气生产技术（图 4–1），是一种以现有农村户用沼气池为发酵载体，以农作物秸秆为主要发酵原料的厌氧发酵沼气生产技术。

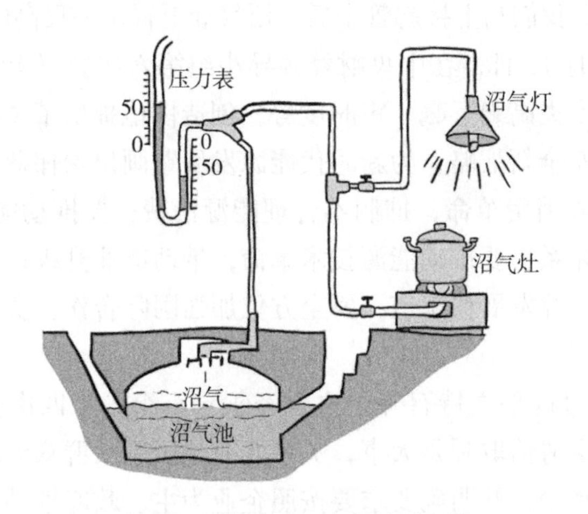

图 4–1　户用沼气池利用示意图

沼气发酵又称为厌氧消化、厌氧发酵和甲烷发酵，是指有机物质（如人、畜、家禽粪便及秸秆、杂草等）在一定的水分、温度和厌氧条件下，通过种类繁多、数量巨大且功能不同的各类微生物的分解代谢，最终形成甲烷和二氧化碳等混合性气体（沼气）的复杂的生物化学过程。

沼气是由多种成分组成的混合气体，包括甲烷（CH_4）、二氧化碳（CO_2）和少量的硫化氢（H_2S）、氢气（H_2）、一氧化碳（CO）、氮气（N_2）等气体，一般情况下，甲烷占 50% ～ 70%，二氧化碳占 30% ～ 40%，其他气体含量极少。

4.1.1.3 技术流程

该模式运行技术流程（图 4–2）主要包括户用秸秆沼气发酵、沼气为日光温室增温照明、沼液和沼渣利用等。

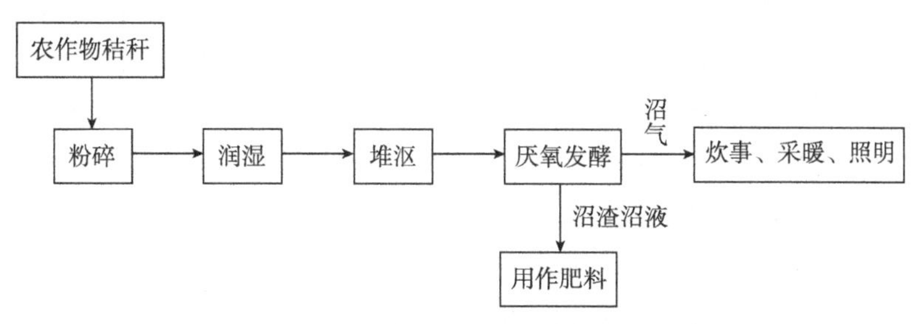

图 4–2 户用秸秆沼气技术流程

（1）户用秸秆沼气发酵技术流程。

①秸秆收集与粉碎：户用秸秆沼气的原料主要为玉米秸秆、小麦秸秆和水稻秸秆等。常见户用秸秆沼气的原料量为：6m^3 的沼气池，所需干秸秆约为 300kg；8m^3 的沼气池，所需干秸秆约为 400kg；10m^3 的沼气池，所需干秸秆约为 500kg。

将所需秸秆收集后，堆积在开阔区域让其自然晾晒和风干，随后对风干的秸秆进行机械粉碎或铡切，秸秆长度控制在 5cm 以下。

②润湿与堆沤处理：

润湿：粉碎后的干秸秆，须先进行润湿处理。以 8m^3 的沼气池为例，400kg 秸秆需加水 300 ～ 400kg（或等量沼液），充分搅拌，湿水程度以用手捏紧秸秆有少量的水滴下为宜。润湿后将秸秆放置 1d 以上，以确保湿透。

堆沤：农作物秸秆通常是由木质素、纤维素、半纤维素、果胶和蜡质等化合物组成，其产气特点是分解速度较慢，产气周期较长。通过堆沤可以初步破坏秸秆的纤维结构，有利于后期厌氧发酵过程中被厌氧菌消化分解。

对润湿的秸秆进行堆沤预处理，以 8m^3 的沼气池为例，400kg 干秸秆，需添加秸秆预处理复合菌剂约 1kg，添加碳酸铵 5kg。如果采用沼液浸泡秸秆，可不添加复合菌剂。添加菌剂和碳酸铵时需翻堆一次，以保证菌剂和碳酸铵与秸秆充分混匀。秸秆应堆沤成矩形立方体（长约 1.5m，底部宽

1.2～1.5m），用塑料薄膜覆盖，在堆垛的四周及顶部每隔30～50cm打1个气孔，薄膜下部周边留约10cm空隙，以方便滤水和透气。堆沤时间一般为夏季3d，春、秋季4～5d，冬季6～7d，可根据气温适当进行调整，以秸秆表面长满白色菌丝为宜。

③进料准备：为使秸秆沼气池启动更为顺利，原料中可添加适量粪便（粪便可不用堆沤），将堆沤好的秸秆和粪便混匀后一起投入池内。以常见的水压式沼气池为例，秸秆和粪便的配比为：6m^3的沼气池，干秸秆约300kg，粪便约700kg；8m^3的沼气池，干秸秆约400kg，粪便约800kg；10m^3的沼气池，干秸秆约500kg，粪便约1 000kg。

④进料：秸秆沼气池进料时，应添加相应的接种物，接种物可以是沼渣或活性污泥。如果没有接种物，也可将畜禽粪便加水浸透后，覆盖薄膜进行堆沤后作为接种物。接种物的总量控制在1 000～2 000kg，在进料时采取分层加入的方式，即边进料边加入接种物，也可与发酵原料混匀后一起投入池内。

由于秸秆碳氮比较高，为得到合适的碳氮比，需添加氮源。如果添加碳酸铵，添加总量控制在8～10kg（或碳酸氢铵约15kg，均先溶化好再添加）；如果加入人畜粪尿，添加总量为300～500kg。物料装入沼气池后，根据实际情况添加水2 000～3 000kg，直到发酵料液离天窗下沿500～550mm为止。户用沼气发酵的适宜温度为15℃以上，因此进料宜选取在气温较高的季节。

⑤启动：密封沼气池池口。连续放气1～3d，当沼气压力表的压力达到2kPa以上时开始试火，直至能点燃且火苗稳定，此时表明沼气池已启动成功，生产的沼气可正常使用。

（2）沼气为日光温室增温照明。在日光温室内直接燃烧沼气，所释放出的热量一般可提高温室温度2～4℃。在增温时要求沼气灯要一直点着，这样不但可以产生热量，还增加了光照，从而加强了温室农作物在夜间的光合作用，有利于提高产量。沼气灶则是在需要快速提高温室温度时才使用。在温室内用沼气灶加温时，最好在沼气灶上烧些开水，利用水蒸气加温效果更好。

利用沼气为日光温室增温（图4–3），要控制好温室内的温度、湿度，例如温室内栽培黄瓜和番茄，在日出时就要点燃沼气，温度要控制在28～30℃，相对湿度控制在50%～60%，夜间时相对可以再高一些，但不要超过90%。

日光温室采用沼气加温，应该注意加温时间最好选在凌晨低温情况下进行，且时间不要过长，以防温度过高对蔬菜等农作物生长产生不利影响。

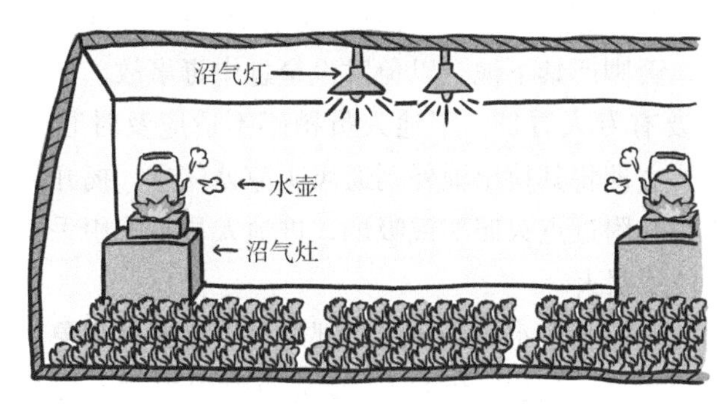

图 4-3 沼气为日光温室增温示意图

（3）沼液和沼渣利用。秸秆等有机废弃物经厌氧发酵产生沼气后，残留的沼渣和沼液统称为沼气发酵残留物，俗称沼肥。经过沼气发酵处理的沼肥，一方面抑制和杀灭了大部分有害病菌和虫卵，同时又富集了养分。比如，沼渣的有机质含量为 40% ～ 60%，含全氮 10% ～ 20%，全磷 0.4% ～ 1.2%，全钾 0.6% ～ 2.0%；含有维生素、激素等有益物质，并转化成了能为动植物利用的形态。所以，沼渣和沼液不但可作为缓速兼备的肥料和土壤改良剂，还可以作为病虫害防治剂、浸种剂、饵料等。

在日光温室生产中，沼渣和沼液主要有以下几种利用方式。

①可作为优质有机肥料，用于施底肥，追肥，叶面施肥和改良土壤等。

②可作为生物农药，用来防治病虫害。

③沼液作为浸种剂，可浸泡蔬菜、作物的种子等。

④可作为培养基，用来栽培食用菌和进行无土栽培。

4.1.1.4 安全使用

（1）沼气池的进、出料口要加盖，防止人、畜掉进池内造成伤亡。要经常观察压力表的变化，当池子产气旺盛，池内压力过大时，要立即用气或放气，以防胀坏气箱。启动投料时，应打开开关，慢慢地加入。当出料较多，压力表的压力接近“0”时，应打开开关，以免产生负压，损坏沼气池。

（2）沼气池如需检修时，用出料器或污泥泵排出池内全部发酵料液，并按下面方法操作：有活动盖的沼气池，应打开活动盖，无活动盖的沼气池，应拔掉输气管。用鼓风机向沼气池内鼓风，使池内空气流通。把小动物（如鸡、鸭、兔、猫等）放入池内，观察 15 ～ 30min，如动物活动正常，方可下池，否则严禁下池，以免发生窒息中毒事故。下池人员应系上安全绳，池上要有专人看护，下池人员稍感不适应及时通知池上看护人员，看护人员要立即将其拉出池外到通风阴凉处休息。揭开活动盖或拔掉输气管时，不得在附近点火照明或吸烟，进池人员只能用手电筒或镜子反光照明，严禁使用明火。

（3）使用前应用肥皂水检查各接头部位是否有漏气现象（压力表压力应保证在 2 个压以上）。使用沼气时，要先点燃引火物再打开开关，先开小一点，待点燃后，再将开关全部打开，以防沼气放出过多烧到身体或引起火灾。

（4）沼气灯、炉具和输气管不能靠近油类、柴草等易燃物品，以防失火，一旦发生火灾，应立即关闭阀门，切断气源。严禁在沼气池导气管口和出料口点火试气，以免引起回火发生爆炸；严禁用明火检查管路接头、开关漏气等情况。

（5）如在室内闻到臭鸡蛋气味时，应迅速打开门窗通风，熄灭明火，不得打开电器设备以免产生火花发生爆炸。待臭鸡蛋气味消失后，方可使用明火和电器设备。发现燃烧不正常时，应调节风门来控制，空气适量时火焰呈蓝色、稳定；空气不足时，火焰发红而长；空气过量时，火焰短而跳跃，并出现离焰现象。

（6）使用过程中火焰被风吹灭或被水淋灭，应立即关闭阀门，打开门窗使空气流通，此时严禁使用一切火种及电器开关，以免引起火灾或爆炸。新启动沼气池甲烷等可燃气体含量较低，不宜使用电子点火设备，应用明火引燃，待燃烧正常后方可使用电子点火设备。

4.1.2 典型示范

山东省嘉祥县户用秸秆沼气项目

山东省嘉祥县为解决农村户用沼气畜禽粪便少、原料不足的问题进行了秸秆沼气利用技术的探讨，马集镇、满硐镇“一池三改”办公室推广简单、快速、高效的秸秆沼气技术，确定秸秆厌氧消化工艺和主要参数，包括为改善秸秆的可生物消化性能增加的化学预处理过程。由于进料、出料困难，采用批式或半连续进料、出料，发酵工艺相应地采用批式或半连续方式，确定了秸秆的消化时间和有机负荷率等。建成一批秸秆沼气示范典型，如马集镇翟庄村、满硐镇、韩沟村等。一座 8m^3 的沼气池，添加 750kg 的秸秆，年产沼气 300m^3，可供农户用气 8 ～ 10 个月，可满足农户烧水做饭、照明，由此每年可为农户节约燃煤 3t、照明电 300kW，节约开支 550 元。沼液、沼渣是腐熟无菌、速缓兼备的优质肥料，每年可提供沼液 15t，沼渣 2.5t，相当于 480kg 碳酸氢铵的肥效，年可节约购买化肥费用 400 元。目前全县已建成户用沼气池 2 万多座，年节约燃煤 6 万 t、电 600 万 kW、肥料 960 万 kg，节约 1 900 多万元。

4.1.3 生态效益

4.1.3.1 技术经济性分析

沼气作为一种清洁的可再生能源，可供照明、做饭、取暖，发展农村沼气，建设生态家园，可以解决农村能源短缺问题，改善农业生态环境和农村卫生面貌，实现生态农业系统中物质和能量的良性循环，增强农业可持续发展能力。以往的研究大多是对沼气收益的正向报道，一部分学者也只是认为沼气池直接经济效益并不显著，出售温室气体减排量可以获得额外资金收益，而鲜见对其成本与收益的详尽分析。可通过对清洁发展机制（CDM）下农村沼气项目的直接经济效益以及提高项目市场竞争力和投资吸引力的相应措施，使项目发展由政府推动变为市场吸引，改善项目效益空间，提升运行效果。

4.1.3.2 生态效益分析

（1）二氧化碳减排效益。

①替代煤炭量：一个户用 8m^3 秸秆沼气池，可满足日光温室照明和部分增温需求，为农户生产和生活提供了优质能源，每年节约民用燃煤 2.5t 左右，折合标煤 1.8t。

②民用燃煤炉具二氧化碳排放系数：

根据《全球气候变化和温室气体清单编制方法》所述，化石燃料的

CO_2 排放系数公式是：

$$CO_2\text{排放系数}=(C_P-C_S)\times C_O\times 44/12$$

式中，C_P 为碳含量；C_S 为固碳量；C_O 为碳氧化率。

C_P 取值：碳含量是指燃料的热值和碳排放系数之积。对于煤炭，热值为 0.020 9TJ/t。碳排放系数因煤炭种类而各异，按照中国 4 种煤炭产量加权平均得到平均系数 24.74t/TJ。因此，煤炭的碳含量为：C_P=0.020 9TJ/t×24.74t/TJ=0.517。

C_S 取值：固碳量是指燃料作非能源用，碳分解进入产品而不排放或不立即排放的部分。在秸秆燃料化利用中，固碳量可不考虑，即 C_S=0。

C_O 取值：碳氧化率因燃烧装置不同而差异很大，民用煤炭燃烧碳氧化率为 80%，即 C_O=0.8。

民用燃煤炉具 CO_2 排放系数：

$$\begin{aligned}CO_2\text{排放系数}&=(C_P-C_S)\times C_O\times 44/12\\&=0.517\times 0.8\times 3.67=1.517\end{aligned}$$

③二氧化碳减排量：

减排量 = 排放系数 × 民用燃煤替代量 =1.517× 1.8=2.73t

（2）甲烷减排效益。

①秸秆使用量：户用秸秆沼气的原料主要有玉米秸秆、水稻秸秆和小麦秸秆等。8m³ 沼气池，需要干秸秆约为 400kg。秸秆沼气池正常启动并运行 60d 后，需要定期添加新秸秆。每 7d 左右向沼气池内补充粉碎并经过堆沤处理的秸秆 15 ～ 25kg。每年消耗的秸秆量大约在 1.25t。

②秸秆燃烧的甲烷排放系数：

秸秆燃烧 CH_4 排放系数 = 干物质率 × 干物质含碳率 × 氧化率 × 碳到 CH_4 碳的转化率 ×（CH_4 分子量 / 碳分子量）

根据《中国温室气体排放清单信息库》提供的数据：秸秆干物质率 = 0.9，干物质含碳率 =0.45，氧化率 =0.9，碳到 CH_4 碳的转化率 =0.005，CH_4 分子量 / 碳分子量 =1.333。

秸秆燃烧 CH_4 排放系数 =0.9×0.45×0.9×0.005×1.333=0.002 43

③甲烷减排量：

减排量 = 排放系数 × 秸秆消耗量 =0.002 43×1.25×1 000=3.04kg

4.2 秸秆沼气工程利用模式

4.2.1 运行模式

4.2.1.1 模式组成

该模式主要由规模化秸秆沼气工程（图 4–4）、生物质锅炉（秸秆直燃锅炉 / 秸秆成型燃料锅炉）、沼气发电或炊事利用终端、沼液和沼渣制取有机肥等组成。该模式以村屯为单位，以规模化秸秆沼气工程为核心，通过利用固体秸秆生产沼气，沼气可以向村屯农户集中供气，满足农户炊事用能需求，也可以用来发电，满足沼气工程自身用电需求或用来上网，沼液和沼渣可以用来制取有机肥进行销售。生物质锅炉通过直接燃烧秸秆或使用秸秆固化成型燃料，为秸秆沼气工程冬季正常运行提供热量保障。

图 4–4 秸秆沼气工程

该模式是以农作物秸秆等有机废弃物为原料，经厌氧消化和脱水脱硫产生的绿色低碳清洁能源，同时厌氧消化过程中产生的沼渣和沼液可生产液态和固态有机肥等。秸秆厌氧消化制取沼气在实现能源综合利用的同时，有效促进养分循环利用，减少化石能源消耗与温室气体排放。

4.2.1.2 技术原理

利用秸秆厌氧发酵产生沼气需要经过 3 个阶段，就是著名的“三阶段厌氧发酵理论”。第一阶段是水解阶段，厌氧菌将不溶于水的有机质降解为可溶于水的有机质；第二阶段是产酸阶段，已经溶于水的有机质被进一步降解，生成醋酸等有机酸；第三阶段是产甲烷阶段，甲烷菌进一步产生CO_2、CH_4等气体。根据发酵原料固体含量的不同，厌氧发酵主要分为湿式厌氧发酵和干式厌氧发酵。湿式厌氧发酵（或湿发酵）的固体含量一般在10%以下，物料呈液态，主要用于高浓度有机废水的处理。干式厌氧发酵（或干式发酵、干发酵）装置内固体含量大于20%，物料呈固态，虽然含水丰富，但没有或有少量自由流动水。固体含量在10%～20%范围内的厌氧发酵可称为半干式厌氧发酵。

湿式厌氧发酵反应体系中的总固体含量一般在10%以内，具有启动快、反应器建造管理技术成熟等优点，适合处理浓度较低的废水、废液，是当前处理有机污染物生产沼气的主流技术，但是该技术也有明显的缺点，如发酵所需的反应器容积较大，沼液和沼渣分离难，需要建较大的沼液池存储沼液，占地面积大，并且需要大量的水，冬季耗能大，处理效率低，运行和后处理成本高等。而干式厌氧发酵能够在干物质浓度较高的情况下仍能正常发酵（干物质浓度≥20%），能生产清洁能源和优质有机肥，基本上达到零排放，满足现代农业对友好环境、清洁能源和优质肥料的需求。并且干式厌氧发酵能够保证全年正常生产，具有用水量少、冬季耗能低、占地省、产气率高、管理方便、后处理成本低等优点，目前已经广泛应用于大规模处理畜禽粪便、农作物秸秆以及生活垃圾等农业固体废弃物，生产沼气和绿色有机肥，净化环境，创造经济效益，已经成为中国厌氧发酵技术的研究热点。

4.2.1.3　技术流程

该模式运行技术流程主要包括秸秆沼气工程发酵、沼气发电、沼气集中供气、沼渣和沼液制取有机肥、生物质锅炉供热等（图4–5）。

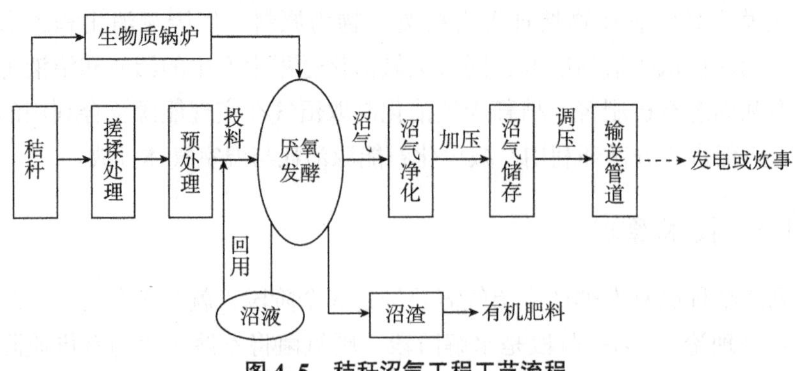

图4–5　秸秆沼气工程工艺流程

（1）秸秆沼气工程发酵阶段。

①预处理：秸秆沼气工程发酵原料主要是农作物秸秆，由于秸秆纤维素物质含量高，不易分解，因此需要进行预处理后再进行厌氧发酵。利用秸秆水解酸化技术，发酵时间为25d左右。秸秆在进入水解池前需要进行破碎处理，破碎后的尺寸在10mm左右。水解酸化应用的核心技术——纤维素水解技术。纤维素水解技术专门针对纤维素含量较高的发酵原料，比如青贮玉米秸秆、干秸秆、麦秸、稻草等。在一定工况条件下培养水解微生物菌群，采用专属的复合纤维素水解酶进行催化水解，实现纤维素由大分子多糖向小分子转变的过程，物料中结构性物料逐渐消失液化，然后再进入厌氧发酵罐进行后续沼气生产过程。秸秆水解的主要设备有酸化水解池、曝气设备、进出料系统以及搅拌系统等。秸秆水解的技术优势有以下几个方面。

一是将纤维素等结构性成分液态化，极大地提高物料的厌氧可及度。

二是大幅缩短厌氧消化停留时间（20～25d，常规需要50～90d）。

三是极大降低搅拌的能量消耗。

四是极易泵送，不堵塞。

五是真正改变纤维素结晶，实现由多糖到单糖的转变。

六是实现沼液大部分回流，无须巨大沼液储存池。

七是回收沼液热量，系统额外需热量小。

八是水解阶段产生的CO_2不收集，因此沼气甲烷含量更高。

九是水解阶段让系统稳定性更高，原料数量或种类变化负荷更高。

②厌氧消化：沼气工程厌氧发酵常用的反应器类型有升流式固体反应器（USR）、完全混合式厌氧反应器（CSTR）以及塞流式反应器（PFR）等。秸秆发酵进料浓度10%，发酵料液浓度高，需要完全混合均匀才能发挥最佳的发酵效果，因此需要对物料进行连续均匀搅拌，应采用完全混合式厌氧消化池（CSTR发酵工艺）又称传统或常规消化池，废水定期或连续进入池中。经消化的污泥和废水分别由消化池底和上部排出，所产的沼气从顶部排出。完全混合式厌氧消化池一般的负荷：中温为2～3kgCOD/（m^3·d），高温为4～5kgCOD/（m^3·d）。

完全混合式厌氧消化池可以直接处理悬浮固体含量较高或颗粒较大的料液，一般带有机械搅拌装置，其特点是固体浓度高、处理量大、便于管理、容易启动，适宜处理高悬浮物的有机废弃物，具有其他反应器所无法比拟的优点，现在欧洲等沼气工程发达地区广泛采用。

③沼气净化：厌氧消化产生的沼气应经过脱水、脱硫处理后进入沼气储存和输配系统。沼气从厌氧消化器进入管道时，温度逐渐降低，会产生含有杂质的冷凝水，如果不加以去除，易造成管道堵塞，损坏管道设备。同时沼气中的 H_2S 气体溶于水形成的氢硫酸会腐蚀管道和毁坏设备，所以，沼气必须净化后再作利用。

目前沼气脱硫主要使用干法和湿法脱硫两种方式，还有生物脱硫和空气脱硫其他方式。沼气脱水处理一般采用重力法脱水。对日产气量大于 10 000m^3 的沼气工程，可采用冷分离法、固体吸附法、溶剂吸收法等脱水工艺处理。

④沼气储存：目前沼气工程中常采用的储气方式有 3 种，即低压干式储气系统、低压湿式储气系统和高压干式储气系统。

低压干式储气系统：储气膜由内层膜和外层膜组成，外层膜和内层膜之间气密，外层膜构成存储器外部球体形状，内层膜则与底膜围成内腔以存储生物气体。储气膜设有防爆鼓风机，防爆鼓风机自动按要求调节气体的进 / 出量，以保持存储器内气压的稳定，同时在恶劣天气条件下保护外层膜。

低压湿式储气系统：低压湿式储气柜属可变容积金属柜，它主要由水槽、钟罩以及升降导向装置组成，当沼气输入气柜内储存时，被水密封的钟罩随之逐渐升高，当沼气从气柜导出时，钟罩随之渐渐降低，利用水封将沼气与大气隔绝，形成密闭的储气空间。其储气的特点是结构简单，储气压力稳定，运行安全，费用低。但在北方地区，冬天水槽易结冰，需要采取一定的保温加温措施。另外，钟罩常年处于干湿交替的状态，必须定期进行防腐处理。

高压干式储气系统：高压干式储气系统的特点是储气不受温度影响，根据沼气可压缩的特点和目前工程使用的情况，最大压缩比可达 1∶8，大大减少了储气容积，其气体输送距离远，储气设备投资费用低。但该储气系统相对其他储气系统电耗较大，运行费用高，每年需进行安检，工程运行须有备用电源。

（2）沼肥处理与利用。厌氧发酵产生的沼渣和沼液进入固液分离系统，大部分沼液回流至预处理工段做稀释水使用，剩余少部分沼液和沼渣分别生产固态和液态有机肥出售。有机废弃物经厌氧发酵后，对作物生长所需的氮、磷、钾等营养元素基本上都保持下来，并且含有植物活性助长剂，使得沼渣的肥效比畜禽粪污等直接施用的肥效高出几倍，因此是生产优质绿色农作物的较好肥源。

（3）沼气发电系统。沼气发电系统主要可分为进气系统、冷却系统、发配电系统、排气系统、余热回收利用系统、报警及通风系统、消防系统等。运行流程如图 4–6 所示。

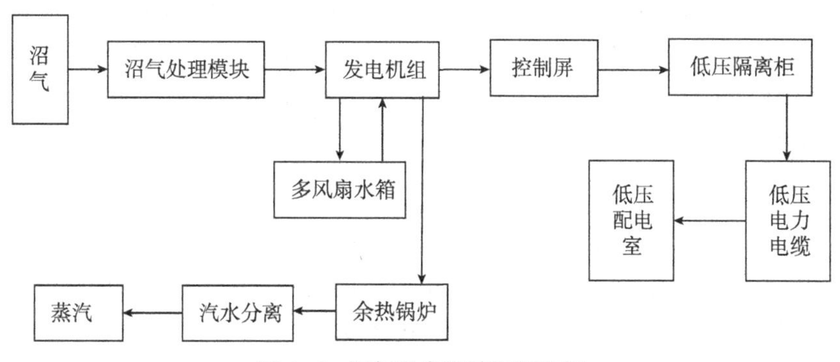

图 4–6　沼气发电系统运行流程

①进气系统：在厌氧池沼气收集母管接出沼气，沼气发电机组自带过滤、脱水、阻火等功能。

②发配电系统：燃气发电机组出口电压是 400V，经电缆接至低压控制室内机组控制屏，机组控制屏内设有并网控制模块和常规保护装置，机组出线分别经控制屏和隔离柜汇接至 400V 母线，可低压输出并入企业低压配电室。站房内的电气开关、电磁阀、照明灯具采用防爆型。电站自用电利用企业内低压电网和机组所发电通过站用配电柜送到余热系统循环水泵、卧式多风扇水箱、机房照明、机组启动柜、机房轴流风机等所有用电设施。

③冷却系统：根据沼气发电机组的性能要求，发电机组循环冷却水通过卧式多风扇水箱进行冷却。在机房外安装一个高架软化水箱，靠自然压差向机组的冷却循环系统补水。高温冷却内循环主要是冷却发动机机体、气缸盖等部件，低温内循环主要是冷却机油和混合后的气体。

④排气系统：从机组排气接口安装波纹管，以减小机组对排烟管的震动，再通过排烟管、防爆门等引至室外，最后连接消音器，以便降低周围的噪声。

⑤余热回收利用系统：充分利用发电机组排气余热，在发电机组烟道出口上加装一套针形管余热锅炉，以机组排气的热量为能源，高温烟气通过特制的余热回收装置加热由热水循环泵送来的汽水分离器的饱和水，经加热的汽水混合物回到汽水分离器进行汽水分离，蒸汽供给热用户或作其他用

途，饱和水再被送到针形管余热锅炉加热，如此一直循环。余热根据需要可产蒸汽或者热水，在每台发电机组烟道出口上加装一套余热回收系统，以排气的热量为能源加热水，产生热水或蒸汽用于生产或生活。

（4）沼气集中供气。沼气的输配应优先考虑沼气供应的安全性和可靠性，保证不间断向用户供气。目前沼气主要用作生活用能即集中供气和沼气发电利用。生活供气的沼气管网在5km以内时宜采用低压供气，但对设有高压储气柜的沼气工程或供气范围大时应采用高压供气。沼气不同利用方法的供气量具有较大的差别，集中供给居民用气可参照相似地区居民用气量指标确定，也可按每户生活用沼气量1.3～1.5m^3/d计算。

（5）生物质锅炉供热。为规模化秸秆沼气工程提供充足的热源是该模式全年正常运行的重要保障，生物质锅炉可以选择秸秆直燃锅炉或秸秆成型燃料锅炉，秸秆直燃锅炉可以将秸秆直接燃烧，从而为沼气工程运行提供热源保障，秸秆成型燃料锅炉安装的前提是该村屯有秸秆固化成型燃料站，该燃料站正常运行，能确保为秸秆成型燃料锅炉提供充足的燃料。

4.2.1.4 安全管理

沼气工程竣工验收合格交付使用后，为了沼气工程正常运转、安全使用，应加强安全管理。

（1）操作人员必须完全掌握本工程处理工艺，熟悉本岗位设施、设备的运行要求和技术指标，应建立定期安全学习制度。

（2）从事电气、锅炉、化验分析等特殊工种的人员，必须通过职业技能、安全技术培训，经鉴定合格并取得相应行业的职业资格证书后方可上岗操作。

（3）操作人员必须了解大中型沼气工程运行中的各种危险、有害因素和由于操作及维修不当所带来的危害。

（4）各岗位操作人员上岗时必须穿戴相应的劳保用品，做好安全卫生工作。

（5）大中型沼气工程应在明显位置装备消防器材、防护救生器具等防护设备，并按设备使用要求定期检查和更换，确保安全用品的可靠性。操作人员应熟练掌握，并会使用防护救生器具及消防器材。

（6）制定火警、易燃及有害气体泄漏、爆炸、自然灾害等意外事故的紧急应变计划。

（7）大中型沼气工程的所有露天井口及其他附属管网口均应加盖；盖板应有足够的强度，防止人、畜掉进池内。

（8）对产生、输送、储存沼气的设施应做好安全防护，严禁沼气泄漏或空气进入厌氧消化器及沼气储气、配气系统；严禁违章明火作业；储气柜蓄水池内的水严禁随意排放，以防罐内产生负压损坏罐体。

（9）大中型沼气工程所在地严禁烟火，并在醒目位置设置严禁烟火标志；严禁违章明火作业，动火操作必须采取安全防护措施，并经过安全部门审批；禁止石器、铁器过激碰撞。

（10）电源电压大于或小于额定电压 5%时，严禁启动大型电机，电气设备必须可靠接地。操作电器开关时，应按电工安全用电操作规程进行。控制信号（液位控制）电源必须采用 36V 以下安全电压。

（11）维修各种设备时必须切断电源，并应在控制箱外挂维修警示牌。严禁非本岗位人员启、闭机电设备。

（12）在运转中清理机电设备及周围环境卫生时，严禁擦拭设备运转部位，不得将冲洗水溅到电缆头和电机。

（13）有害气体、异味、粉尘和环境潮湿的场所，必须保持通风良好。

（14）清捞杂物、浮渣及清扫堰口时，应有安全及监护措施，防止操作人员滑入池中。

4.2.2 典型示范

4.2.2.1 山西省洪洞布农科技有限公司特大型沼气综合利用工程

山西省洪洞布农科技有限公司特大型沼气发电及有机肥综合利用工程（图 4-7），位于山西省临汾市洪洞县甘亭镇工业园区内，占地面积约 37.2 亩，总投资 1.6 亿元，该项目由山西省洪洞布农科技有限公司建设，2021 年建成投产，已纳入了国家清洁能源电价补贴目录。项目主要建设内容包括：5 000m^3 厌氧发酵罐 3 座，2 000m^3 双膜储气柜 2 座，1MW 发电机组 3 台，脱硫、脱水、除臭、消防设备设施，原料预处理设备设施，原料储存池，调浆池，酸化池，沼液储存罐，固体肥生产用设备设施，液体肥生产用设备设施，配电柜，变压器，输电线路，自动化仪表仪器，原辅材料仓库，固体肥仓库，综合办公楼等配套设施。

项目以农作物秸秆、畜禽粪便、餐厨垃圾为原料，核心工艺采用该企业自主研发的原料预处理技术和无搅拌发酵工艺。工艺流程为：先将青贮捆包的物料粉碎至 1cm 以下，将畜禽粪便和餐厨垃圾送入加工车间破碎筛分后，分别送入搅拌池搅拌，形成糊浆后输送至原料池，再经酸化池水解酸化后，输送至厌氧发酵罐。完全混合厌氧反应器采用电泳罐体，通过无搅拌和加温技术，18d 厌氧发酵产生沼气，沼气通过管道进入生物脱硫装置后，进入发电机直燃发电。

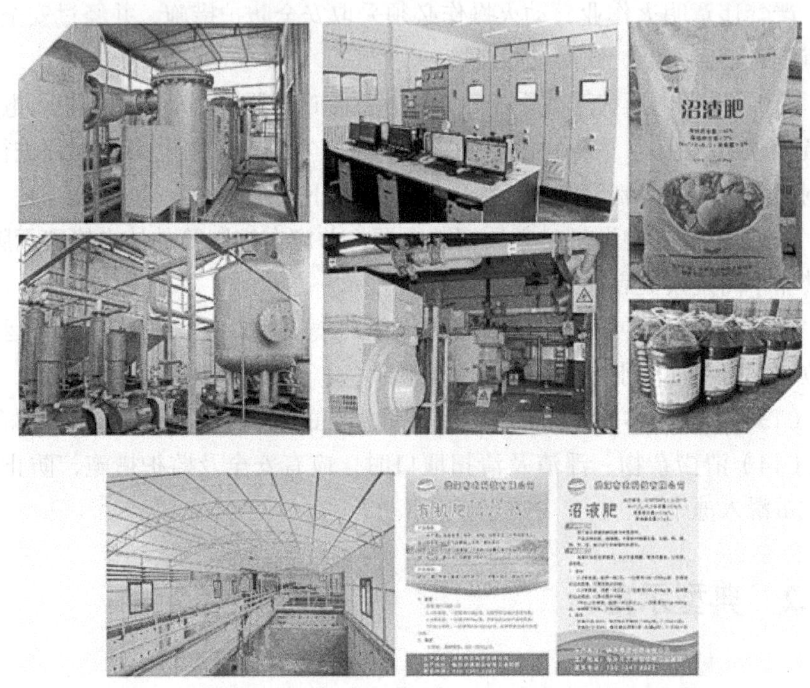

图 4–7　山西省洪洞布农科技有限公司特大型沼气综合利用工程

原料的收集，一是农作物秸秆，以周边乡镇为中心，分散设立秸秆收储点，形成收储网络系统，按照公司的统一标准捆包进入窑储；二是畜禽粪便，选择周边养殖场作为长期供应商，签订供货合同自主运输，仓库储备；三是餐厨垃圾，以洪洞县、临汾市、临汾经济开发区为主要供货商，签订长期合作协议，供货方自主收集、自主运输，免费供应。该项目产出的电除自用外，剩余电量经变压器升压 10kV 输送至国家电网。沼气发电机产生的余热可作为工艺物料增温、沼渣原料烘干和厂区取暖热源。固液分离后的沼渣作为固体有机肥原料，经烘干、微生物接种、补充营养元素后形成固体有机肥，其有机质含量达 45% 以上。分离后的沼液作为原液肥销售或制作成叶面肥。

该项目累计处理周边农作物秸秆5万余吨，畜禽粪污2万t，生产沼气700万m^3，已累计向国家电网输送电量2 400万kW·h，节约标煤8 000t，减少二氧化碳排放量2万t。项目累计生产生物有机肥3万t，实现了沼渣、沼液综合利用，既解决了农业面源污染问题，减少了化肥、农药施用，又改良了土壤、增加地力，提高了农作物产量，改善了农作物品质，提高了农民收入。

4.2.2.2 黑龙江省德润（五常）生物质开发有限公司秸秆沼气项目

德润（五常）生物质开发有限公司秸秆沼气项目（图4–8）是华润集团环保业务板块的重要组成部分。项目位于黑龙江省五常市。项目引进、消化、吸收德国先进的“预处理＋湿法”厌氧发酵工艺技术，于2019年9月开工建设，总投资2.4亿元，项目规模为日产8万m^3沼气，年处理秸秆等农业农村废弃物14万t，年产沼气2 800万m^3，沼气发电并网及远期居民供气。

图4–8 哈尔滨市五常市秸秆沼气项目

项目分两期（一期日产沼气4万m^3，二期日产沼气4万m^3）建设，项目于2020年11月发电并网，2021年11月一期实现达产，是国内第一个规模化干黄秸秆沼气达产项目，二期已于2023年投入运行。项目日处理量干黄秸秆370t，秸秆通过拆包、粉碎后进入秸秆预处理系统，预处理后原料通过螺杆泵进入中高温厌氧发酵罐，通过高效发酵技术产生的沼气通过脱水、脱硫后进入沼气发电机组，项目配置了7台1MW发电机组，日发电量16万kW·h。产生的清洁电力并入电网，发电机组产生的余热用于发酵工艺保温和远期拉林满族镇供暖。厌氧发酵后剩余物通过进口固液分离设备挤压，产生的沼渣与外部公司合作生产水稻育秧基质，替代东北取土育秧窘境，促进水稻绿色循环发展。产生的沼液90%以上用于工艺回流，剩余沼液年产4万t，正在推广沼液水稻还田，基本可实现消纳。通过多年运行，项目验证了极寒条件（–40℃）仍能稳定运行，为北方地区规模化秸秆沼气项目提供了案例参考。

项目年处理干黄秸秆等农业废弃物14万t，有效改善了农村人居环境；年产沼气2 800万m^3，主要用于沼气直供、发电和供暖，替代燃煤2.4万t，促进拉林满族镇及周边“煤改气”；年产沼渣可生产水稻育秧基质10万m^3，减少盗挖黑土育秧，有效保护黑土地；年减碳16.6万t以上，助力区域“双碳”目标实现。项目年均产值6 000万元左右，净利润约1 000万元；直接或间接带动50人以上就业，秸秆未来市场化收购，促进农民年增收2 400万元以上，经济效益、生态效益和社会效益显著。

4.2.2.3 黑龙江省哈尔滨依兰德润生物质开发有限公司秸秆沼气项目

哈尔滨依兰德润生物质开发有限公司秸秆沼气项目（图4–9），是华润集团环保业务板块的重要组成部分。项目位于黑龙江省哈尔滨市依兰县。项目引进、消化、吸收德国先进的“预处理＋湿法”厌氧发酵工艺技术，于2019年4月开工建设，项目总投资约1.2亿元，项目规模为日产4万m^3沼气，年处理秸秆等农业农村废弃物7万t，年产沼气1 400万m^3，沼气发电并网及远期居民供气。

图4–9 哈尔滨市依兰县秸秆沼气项目

项目于2019年10月1日产气，并配置了4台1MW发电机组，于2021年1月13日开始并网发电，项目日处理干黄秸秆约170t，秸秆通过拆包、粉碎后进入预处理系统，随后原料通过螺杆泵进入到中高温厌氧发酵罐体内，进行高效厌氧发酵，产生的沼气经脱水、脱硫后进入沼气发电机组，日发电量为8万kW·h。产生的清洁电力并入电网，发电机组产生的余热用于发酵工艺保温和远期园区其他企业供暖。厌氧发酵后剩余物通过进口固液分离设备挤压，产生的沼渣与外部公司合作生产水稻育秧基质，替代东北取土育秧窘境，促进水稻绿色循环发展。产生的沼液90%以上用于工艺回流，剩余沼液年产2万t，正在推广沼液水稻还田，基本可实现消纳。通过多年运行，项目验证了极寒条件（–40℃）仍能稳定运行，为北方地区规模化秸秆沼气项目提供了案例参考。

项目年处理干黄秸秆等农业废弃物7万t，有效改善了农村人居环境；年产沼气1 400万m^3（折合生物天然气800万m^3），主要用于沼气直供、发电和供暖，替代燃煤1.2万t，年产沼渣可生产水稻育秧基质5万m^3，减少盗挖黑土育秧，有效保护黑土地；年减碳8.3万t以上，助力区域“双碳”目标实现。项目年均产值3 000万元左右，净利润约500万元；直接或间接带动40人以上就业，秸秆未来市场化收购，促进农民年增收1 200万元以上，经济效益、生态效益和社会效益显著。

4.2.2.4 黑龙江省华润集团德润（八五三农场）秸秆沼气工程项目

华润集团德润生物质投资有限公司位于八五三农场。该项目（图4–10）于2018年开工建设，2019年投料生产，占地面积约100亩，设计年利用秸秆5万t以上，生产沼气约1 400万m^3，年发电量约3 000万kW·h，可生产沼渣5万t以上。同时利用发电机余热，带动周边地区供热面积约12 000m^2。该项目目前正在进行设备升级改造，已于2022年年底实现满负荷运行。

生物质发电秸秆原料主要来源八五三农场当地秸秆打包及周边饶河、宝清等地采购。八五三农场与华润集团德润生物质开发有限公司合作，对水稻、玉米秸秆离田回收，用于生物质沼气发电，每年打捆面积5万亩左右，每天可打捆秸秆3 000包以上，回收秸秆2.6万余吨，可生产沼气680万m^3，发电1 040万kW·h。公司本身未购买秸秆打包及转运设备，一方面降低企业固定财产投入，另一方面将秸秆收储运工作交由市场化运作，通过专业的秸秆打包公司进行秸秆打包收储工作。

图 4–10　八五三农场秸秆沼气工程项目

沼气发电产生的沼渣、沼液进行还田或用于制造有机肥，提高土壤肥力及有机质含量，降低化肥投入量，使八五三农场的农业生产环境有了极大改善。

4.2.2.5　内蒙古自治区赤峰市松山区秸秆沼气集中供气示范项目

赤峰市松山区大夫营子乡北疆大型秸秆沼气集中供气示范工程（图 4–11），年处理玉米秸秆（含水率 30%）975t，本项目建设厌氧发酵罐 1 000m^3 一座，沼气柜容积 500m^3，附属设施建筑面积 1 900m^2，包括分离车间、锅炉房、操作间等，年产沼气 24 万 m^3，年产沼渣、沼液、有机肥 5 000t。

图 4–11　赤峰市松山区秸秆沼气集中供气示范项目

该项目每年产沼气 24 万 m^3，其中 20 万 m^3 供 500 户农户生产、生活用能，每 1m^3 沼气按 1.8 元计算，每年收入 36 万元。年生产沼渣、沼液、有机肥 5 000t，按每吨有机肥售价为 200 元计算，年收入 100 万元。项目经营期年平均总销售收入 136 万元。

本项目通过对秸秆进行转化，在控制其环境污染，改善生态环境质量的同时，又为农业生产提供大量的优质有机肥料，为无公害农产品的生产提供了肥源。同时，又进一步推动了农作物秸秆综合利用，有利于秸秆还田，有效培肥地力和增强作物的抗逆能力，通过对作物秸秆的综合利用，可增加土壤的有机质含量，培肥土壤肥力，改善土壤理化性状，提高肥料利用率，减少农业生产对化学肥料的依赖，提高农产品品质。以利用农业废弃物为原料生产有机肥料，给生态农业的发展添加后劲。沼气作为可再生能源，对减少日益枯竭的化石能源的消耗，缓解日益严重的能源紧缺，保障正常的生产和生活用能，保证国民经济的健康发展具有一定的积极意义。同时增加就业岗位，提高农民收入，也具有重要意义。

4.2.3 效益分析

4.2.3.1 技术经济性分析

生物质厌氧发酵产沼气技术适用于种植业、养殖业发达地区，特别是农作物秸秆、畜禽粪污资源丰富区域，通过生物质规模化利用，形成多元化能源商品供给方式，改善区域能源消费结构，并充分结合区域种植业、养殖业生产，消纳厌氧发酵剩余物，培育生态循环农业技术模式。该技术的开发利用，效益收益水平相对较低，但外部经济性较强。通常沼气工程建设初始投资较大，投资回收期长，内部收益率低。目前，大多数沼气工程的主要经济效益体现为成本的节约，商品性产出少，基本上不能带来独立的现金流。因此，沼气工程更重要的是带来较高的能源效益与社会效益，难以由市场交易及价格体系反映出来，难以用经济指标衡量。

影响和制约厌氧发酵技术经济的关键，多是缺乏沼气、沼渣及沼液产品的开发利用，导致沼气工程效益无法得到有效发挥。因此，厌氧发酵技术的开发利用，应着重沼气副产品加工及沼渣、沼液综合利用的环节，保证循环经济链的完整性，并以此为突破点，实现沼气工程的经济效益和社会效益。

4.2.3.2 生态效益分析

（1）二氧化碳减排效益。

①替代煤炭量：1 000m^3 秸秆沼气工程，按全年发酵温度维持在35℃ ±2℃，产气率为 1.5m^3/(d · m^3)，全年产气量为 54.75 万 m^3，折合标煤 39.09 万 t。

②民用燃煤二氧化碳排放系数：

根据《全球气候变化和温室气体清单编制方法》所述，化石燃料的 CO_2 排放系数公式是：

$$CO_2\text{排放系数} = (C_P - C_S) \times C_O \times 44/12$$

式中，C_P 为碳含量；C_S 为固碳量；C_O 为碳氧化率。

C_P 取值：碳含量是指燃料的热值和碳排放系数之积。对于煤炭，热值为 0.020 9TJ/t。碳排放系数因煤炭种类而各异，按照中国 4 种煤炭产量加权平均得到平均系数 24.74t/TJ。因此，煤炭的碳含量为：C_P=0.020 9TJ/t×24.74t/TJ=0.517。

C_S 取值：固碳量是指燃料作非能源用，碳分解进入产品而不排放或不立即排放的部分。在秸秆燃料化利用中，固碳量可不考虑，即 C_S=0。

C_O 取值：碳氧化率因燃烧装置不同而差异很大，民用煤炭燃烧碳氧化率为 80%，即 C_O=0.8。

民用燃煤 CO_2 排放系数：

$$CO_2\text{排放系数} = (C_P - C_S) \times C_O \times 44/12$$
$$=0.517 \times 0.8 \times 3.67 = 1.517$$

③二氧化碳减排量：

减排量 = 排放系数 × 民用燃煤替代量 =1.517×39.09=59.30 万 t

（2）甲烷减排效益。

①秸秆使用量：

1 000m^3 秸秆沼气工程，按全年发酵温度维持在 35℃ ±2℃，产气率为 1.5m^3/(d · m^3)，进料浓度 8%，发酵周期 25d，秸秆含水率按照 15% 计算。全年秸秆消耗量为：

$$1\,000 \times 8\% \div (1-15\%) \times 365 \div 25 = 1\,374\text{t}$$

②秸秆燃烧的甲烷排放系数：

秸秆燃烧 CH_4 排放系数 = 干物质率 × 干物质含碳率 × 氧化率 × 碳到 CH_4 碳的转化率 ×（CH_4 分子量 / 碳分子量）

根据《中国温室气体排放清单信息库》提供的数据：秸秆干物质率＝0.9，干物质含碳率＝0.45，氧化率＝0.9，碳到 CH_4 碳的转化率＝0.005，CH_4 分子量/碳分子量＝1.333。

秸秆燃烧 CH_4 排放系数＝0.9×0.45×0.9×0.005×1.333=0.002 43

③甲烷减排量：

$$减排量=排放系数\times秸秆消耗量$$
$$=0.002\,43\times1\,374=3.34t$$

4.3 秸秆生物天然气利用模式

4.3.1 运行模式

4.3.1.1 模式组成

为推动沼气工程转型升级和促进生物天然气发展，2015 年国家首次提出规模化生物天然气试点工程。2018 年，国家能源局首次将生物天然气纳入能源发展战略及天然气产供储销体系，并提出将建立优先利用生物天然气的发展机制。2019 年底，出台《关于促进生物天然气产业化发展的指导意见》，这是首个促进生物天然气产业发展的指导文件，生物天然气进入快速发展时期。

秸秆生物天然气利用模式（图 4–12）主要由生物天然气制取工程、天然气利用终端、沼液和沼渣制取有机肥等部分组成，即生物天然气生产环节、净化处理与转化环节、产品利用环节等。该模式以村屯为单位，以生物天然气生产工程为核心，通过利用固体秸秆生产沼气进行提纯制取生物天然气，生物天然气可以向村屯农户集中供气，满足周边居民炊事用能需求，沼气经过净化提纯压缩后，也可作为交通燃料，沼液和沼渣可以用来制取有机肥进行销售。

该模式将环境保护和种植业有机结合起来，达到秸秆废弃物的资源化、减量化的目标，通过生产可再生能源缓解农村能源供需矛盾，降低不可再生能源的消耗，走上能源生态可持续发展的良性循环轨道，极大地促进了农村经济的可持续发展。该模式使沼气利用从低值化向高值化、从公益供给向有偿使用转变，从根本上改变了传统的秸秆利用方式，促进秸秆高效转化和能源高效循环，提高资源利用率。

图 4–12 秸秆生物天然气利用模式

4.3.1.2 技术原理

生物天然气是指从生物质转化而来的燃气，包括沼气、合成气和氢气。目前，仅有沼气具有技术和成本优势，因此，一般所说的生物天然气主要是指沼气提纯后的燃气，也就是利用畜禽粪便、农作物秸秆、餐余垃圾及工业有机废水、废渣等有机物作为原料，通过厌氧发酵生产出甲烷含量在 55%～65% 的沼气，经过净化、提纯后，使甲烷含量达到 90% 以上的燃气。

生物天然气制取中原料预处理技术、厌氧消化技术、沼渣及沼液的资源化利用等可以参照 4.2.1.2 技术原理部分。

利用沼气生产管道天燃气、生物天然气和液化天然气，其技术难点在于沼气的净化提纯。因此，需要通过必要的沼气净化提纯技术，使沼气成为甲烷含量高，热值和杂质等条件符合管道、压缩或液化天然气标准要求的高品质生物天然气，而要达到标准所规定的气体质量，净化提纯工艺过程监测必不可少。沼气中除 CH_4 以外的杂质气体成分往往会对沼气的利用造成不利影响，必须将其除去。主要原因如下。

（1）CO_2 使沼气的能量密度降低，并且减缓燃烧速度。

（2）H_2S 的活性较强，会使压缩机、管道、发动机等受到腐蚀，并造成催化剂中毒。

（3）水在导气管道中积累后会溶解 H_2S、CO_2 等酸性气体而腐蚀管道。

（4）O_2 含量过高，当混合气浓度达到甲烷的爆炸极限水平时可能发生爆炸。

目前主流的沼气提纯技术主要有变压吸附法（PSA）、膜分离法、物理吸收法、化学吸收法和低温分离法，各方法工艺原理及运行效果对比见表4-1。

表 4-1 沼气提纯工艺对比分析

提纯方式	原理	优点	缺点
变压吸附法	在800kPa压力下，由活性炭对CO_2进行吸附，随后沼气在低压状态下脱附	能耗低，提纯率95%～98%	系统复杂，控制难度大，甲烷损失率高
膜分离法	利用薄膜材料对不同气体的渗透率实现气体分离，在2MPa压力下，CO_2可迅速透过气体膜	工艺简单，能耗低，提纯效率95%	操作压力高，运行费用较高
物理吸收法	利用高压水洗，CO_2和CH_4在水中溶解度不同，进行物理分离	提纯效率高达97%	消耗大量净化水，产生废水需要处理
化学吸收法	利用吸收液与CO_2进行化学反应	提纯效率高达99%	投资高，药剂有毒性
低温分离法	利用制冷系统将混合气降温，CO_2凝固点比甲烷高，先被冷凝下来，从而分离	提纯效率高达98%	技术刚起步，有待完善提升；能耗高，需要低温高压环境

4.3.1.3 主要流程

（1）生物天然气生产环节。沼气是一种典型的生物质燃气，它是一种无色气体，无论是天然产生还是人工制取，CH_4、CO_2都是主要组分，燃烧温度可达1 400℃，有轻微的臭鸡蛋味。人畜粪便、生活生产污水、餐厨生活垃圾及植物茎叶等一切可降解的有机物质在一定的水分、温度和厌氧条件下，经微生物的发酵转换都可以获取沼气。

（2）生物天然气净化处理与转换环节。作为最典型的生物质燃气，沼气中除有效组分外，还有一些是不能参与燃烧的非可燃气体组分如CO_2等和不利于输配系统正常运行的杂质组分如H_2S、H_2O等，必须依据后续的输配设施以及用气设施的要求，将这些杂质予以全部或部分脱除，或者将非可燃组分全部或部分分离。脱除杂质使之成为纯净生物质燃气的过程，称为净化处理。

依据脱除杂质的深度不同，将其分为基本净化处理、浅度净化处理和深度净化处理3种情况。基本净化处理适用于锅炉燃烧等对气质要求不太高的用气设施；浅度净化处理适用于生物质燃气发电；深度净化处理是指脱除掉绝大部分杂质组分，将生物质燃气变为纯净生物质燃气，适合用作工业窑炉燃料。

将无效组分（主要是 CO）分离（部分或完全脱除）或进行化学变换的过程，称为生物质燃气的转换环节。此时，生物质燃气特性发生变化，生物质燃气无效组分完全脱除后即成为生物天然气。

（3）生物质燃气利用环节。生物质燃气可以直接利用，也可以进行基本、浅度或深度净化处理后加以利用，更可以经过转换—脱除 CO_2 或进行化学变换后使之转换成生物天然气或其他化工原料后再加以利用。秸秆经过厌氧发酵产生沼渣、沼液，利用固液分离机进行分离，沼渣作为固体有机肥原料，沼液作为液体有机肥原料。固体有机肥生产先经过堆肥发酵，杀灭有害微生物和寄生虫，再经过造粒生产，以便运输销售。液体有机肥生产经过自动搅拌、搅拌过滤和罐装工序，形成浓度高、易储存的产品进行外销或还田（图 4–13）。

图 4–13　秸秆制取生物天然气利用示意图

4.3.1.4 应用途径

一是热电联产模式（CHP）。秸秆经过预处理后，进行厌氧发酵，沼气用于热电联供、余热升温发酵罐、沼渣和沼液施肥，全过程实现自动控制。主要案例有德国 Wiesenau 混合原料热电联供工程，主要发酵原料为牛粪、青饲料、玉米秸秆，规模为 1.5MW。丹麦 Ribe 生物质燃气发电站，是丹麦的第一批集中型沼气站。该发电站以有限公司的形式组建，由相关的农场主们共同合作，也有股东，例如屠宰场、地方电力公司和一些公共养老金基金会。这个沼气站被丹麦和欧盟选定为一个示范站，并在世界范围内被认可为大规模系统中最成功的案例之一。

二是车用生物天然气模式。利用有机废弃物生产沼气，经过净化提纯压缩后，提供交通燃料。主要的案例有瑞典 Linkoping 车用生物天然气工程，可处理瑞典东南部的有机垃圾，生物质燃气净化提纯后，每年获得 470 万 m^3 生物天然气（97% CH_4），为 12 个加气站的公共汽车、卡车、私家车、出租车以及火车等加气，该工程为全球生物质燃气工程起到了很好的示范和指导作用。此外，瑞典 Laholm 生物天然气厂，年产生物天然气 180 万 m^3，通过管道分别输送到附近的一个生物质燃气发电站和汽车加气站。

三是管道生物天然气模式。多种混合原料生产的沼气，经过净化提纯后，并入天然气管网，减少对天然气的依赖。主要案例有德国 Rathenow 沼气工程，原料为青贮玉米及农作物、液态牛粪及猪粪等，经沼气纯化产生物甲烷，规模为 520Nm^3/h。

4.3.1.5 发展前景

（1）政策支持，行业发展进入快车道。发展生物天然气有助于优化天然气供给结构，发展现代新能源产业。发展生物天然气，立足国内，内生发展，作为常规天然气的重要补充，有利于补齐天然气供需短板，降低进口依存度，提高能源安全保障程度。推进生物质能转型升级，加快可再生能源在燃气领域应用，培育发展可再生能源新兴产业。生物天然气在中国发展已经 10 余年，但由于重视程度不够以及商业模式不清晰，盈利水平低等因素影响，导致中国生物天然气发展十分缓慢。2015 年以来，随着中国环保趋严，以及“煤改气”、城市化进程加快，加大了对天然气的消费需求（2018 年全国天然气消费量达到 2 877 亿 m^3，其中天然气进口量

1 259 亿 m^3，占比 43.8%），国家加快了生物天然气开发利用政策支持。

（2）规模化生产上取得突破，可以支撑生物天然气规模化发展和产业壮大。河南省安阳市贞元集团的中丹生物天然气项目，已经实现了将沼气提纯进一步生产生物天然气，甲烷含量可以高达 97% 甚至更高，达到天然气二类质量标准，每天供气能力约 1 万 m^3。前些年，广西南宁武鸣县安宁淀粉厂利用废渣、废水生产生物天然气，也取得一定的成绩，成熟的技术还需要推广。

（3）开发潜力巨大。如果鼓励政策到位，切实解决制约生物天然气面临的突出问题，提高各种所有制主体投资生物天然气的积极性，加大投资、加快建设、扩大产能、提高产量。

（4）延伸产业链。生物天然气行业近年来从传统的模式转换到互联网融合模式。随着行业各大平台挖掘并下沉三四线城市，企业从供应环节到生产再到售后环节，全环节整合，并以产业赋能为纽带，为众多优质的公司提供品牌、设计、系统、供应链等全方位支持。

（5）行业协同整合成为趋势。生物天然气行业在产品与服务的过程中，具有完善的内容生产、渠道建设、商业化落地等各个层级的协作。未来进一步的行业协同整合，有利于提高行业竞争力，并促进行业持续良性发展。

4.3.2 典型示范

4.3.2.1 山西神沐新能源有限公司生物天然气项目

山西神沐新能源有限公司生物天然气项目（图 4–14）是国家生物天然气试点项目，位于山西省原平市解村乡解村村，占地面积约 100 亩，厌氧发酵罐规模为 3.3 万 m^3，总投资 1.59 亿元，其中中央财政投资 4 000 万元，剩余部分资金企业自筹，2020 年建成投产。项目主要建设内容包括 5 500m^3 的发酵罐 6 座、沼气脱碳系统 1 套、沼气脱硫系统 1 套、沼气压缩提纯系统 1 套、原料堆存区 11 899m^2、预处理车间 913.5m^2、沼液池 5 000m^3、肥料生产车间 4 662m^2、压缩天然气（CNG）压缩站 2 944m^2、综合办公楼 2 544m^2 等配套设施。2021 年该项目通过了农业农村部沼气科学研究所达产验收。

图 4-14 山西神沐新能源有限公司生物天然气项目

项目以秸秆、畜禽粪污为主要原料，核心工艺采用国际领先的德国原料预处理技术和湿式厌氧发酵工艺。工艺流程为：先将秸秆、禽畜粪污等有机物利用螺杆泵和螺旋输送机送入均质破碎搅拌罐进行预处理，出料采用螺杆泵通过管道混合器分配进入不同的厌氧罐内。厌氧罐内的有机质物料经厌氧消化后，大部分有机质得到消化降解，生成的沼气由沼气风机抽取，送往沼气净化单元，沼气净化后用于制成生物天然气，剩余消化液送往固液分离单元。经固液分离单元挤压后的沼渣，送往有机肥单元生产有机肥。该工艺使有机物在厌氧工艺中转变为可溶性化学需氧量（COD），并进一步转化为甲烷，同时实现沼渣综合利用。

该项目建立了由乡镇政府牵头、合作社同各村具体组织实施、公司协调配合的三级收储运体系。原料以秸秆和鸡粪为主，农民专业合作社负责收运环节，按照企业的质量标准在以原平市为半径 35km 范围内进行收集。合作社将原料运送到企业，2021 年企业以 210 元/t 的价格收购秸秆（收购约 1.6 万 t），以 110 元/t 的价格收购鸡粪（收购约 0.7 万 t），每年用于收集原料的成本约 410 万元。秸秆和鸡粪以 2.15∶1 混合，经预处理均质搅拌后进行 45d 的厌氧发酵，产生的沼气一部分用于自用热能，绝大部分净化提纯压缩后转化为生物天然气供给用户，实现区域内清洁能源供应的有效补充。产生的消化液大部分循环回厌氧发酵罐作为接种回流液充分利用，其余部分进入固液分离车间，分离的固态物质沼渣用于生产高品质生物有机肥外售，分离的沼液用于生产液体水溶肥和还田。

该项目实现了秸秆、畜禽粪污等农业废弃物的变废为宝，自项目启动实施以来，累计处理玉米秸秆约 10 万 t、畜禽粪污约 2 万 t；累计向工业企业供应生物天然气 270 余万立方米，节约标煤 4 500t，减少二氧化碳排放量 1 万余吨；累计向全省 5 个地区 10 余个县（市）提供了 5 万 t 生物有机肥，减少化肥投入量 1 万 t。2021 年天然气累计销量为 185.94 万 m^3，收入 541.81 万元；有机肥累计销量 2.85 万 t，收入 1 862 万元，2021 年营业总收入 2 403.81 万元，实现利润总额 25.1 万元。通过购买秸秆、劳务、农机、运输等服务方式，每年直接或间接带动就业人数 200 ～ 300 人，带动农业合作社及农民共增收上千万元。

4.3.2.2　黑龙江省尚志市广瀚秸秆生物天然气项目

中国船舶重工集团公司第七〇三研究所积极响应国家生物质能发展规划，大力发展绿色、规模化、工业化、无污染的生物天然气产业，积极推动秸秆、畜禽粪便等有机废弃物生产生物天然气和有机肥。广瀚秸秆生物天然气项目作为第七〇三所生物天然气产业首个示范项目（图 4–15），占地面积约 18.5 万 m^2，采用改进的中高温连续发酵技术和先进的厌氧发酵罐结构设计，规模化处理秸秆、菌袋废弃物和养殖粪污等有机废弃物。

图 4–15　黑龙江省尚志市广瀚秸秆生物天然气项目

广瀚秸秆生物天然气项目较传统的发酵工艺场站优势包括：原料处理能力强，可复配处理秸秆、菌袋和禽畜粪污等；较高的产气效率；零排放、无污染；可复制程度高便于快速推广；自动化、数字化运行及管理等。项目已经进行了全面调试，调试期间生物天然气产品甲烷纯度达到 98.8%，将按照计划逐步提至设计产能。项目全部达产后，可年处理秸秆 17.5 万 t（或相同总量废弃物），年产生物天然气 2 030 万 m^3，有机肥原料可生产成品有机肥 7.8 万 t，初步测算年减少碳排放量约 5 万余吨。项目已累计收购存储利用玉米秸秆 4 万余吨，秸秆收购期间，相关政府部门给予了大力支持，包括与农业合作社、各村镇协调，秸秆划分地块保价保量供应等，加强生产所需的原料保障。

该项目投产后可实现农业废弃物循环利用、变废为宝、节能增效，既解决了秸秆处理的难题，又可产出天然气作为清洁能源，同时有机肥料可用于生态农业项目，实现秸秆等农林废弃物的资源化、减量化和无害化，有效延长农业产业链，促进周边地区经济和社会的可持续发展、生态环境保护，具有良好的经济效益、社会效益和生态效益。

4.3.2.3 黑龙江省林甸县秸秆生物天然气项目

林甸县秸秆生物天然气项目（图 4–16）建设时间为 2019 年 10 月，项目地点为黑龙江省大庆市林甸县四合乡，占地面积 4 万 m^2，项目总投资 9 300 万元，项目采用干法厌氧发酵工艺，通过处理秸秆生产生物天然气和固态生物有机肥，曾获金桥奖第三届三农科技服务金桥奖项目优秀奖。本项目辐射四合乡周边百千米范围内的种植合作社及农田，消耗的玉米秸秆占四合乡周边百千米范围内总量的 90% 以上。

图 4–16 黑龙江省林甸县秸秆生物天然气项目

该项目于 2019 年底投入运行，通过对玉米秸秆等农业废弃物料的资源化处理，产出生物天然气、有机肥等产品，满产运行每年处理秸秆 4.5 万 t，生产生物天然气 377.78 万 m^3/ 年，固态生物有机肥 1.5 万 t/年。林甸县秸秆生物天然气项目建立了地方收储运网络，按照固定运输体系，完成收集、储存、处理、利用设施建设，保证之前田间堆放的秸秆能够得到有效利用，解决玉米秸秆利用率低的问题。项目符合国家循环经济和节能减排政策，政府扶持力度大。本项目的生物质锅炉燃料采用本项目工艺用秸秆，不计入综合能耗，项目电年消耗量为386.76万kW·h，折算系数0.122 9，水年消耗量为4.2万t，折算系数0.085 7，项目年综合能耗折合标准煤约478.94t。

该项目投资9 300万元，项目设备投资3 700万元，年均运行总成本费用为3 200万元，项目年均营业收入为3 800万元，年净利润约600万元。该项目的生物天然气为可再生能源，有机肥用以培肥地力，改善土壤结构，鼓励有机肥替代化肥，实现秸秆科学、安全、有效还田，通过“秸秆—有机肥—农田”的循环模式，建设生态循环产业园示范区，改善农村脏乱差环境，促进生态可持续发展。

4.3.2.4 黑龙江省甘南县蓝天新能源秸秆天然气示范项目

黑龙江蓝天能源发展有限公司利用甘南县政府招商引资的各项优惠政策，在甘南县建设秸秆天然气示范项目（图4–17）。以企业自行收储、与合作社签订收储协议、乡镇专门负责收储秸秆的经纪人收储3种秸秆收储方式，以秸秆为原料发酵生产沼气并提纯，为城区居民和商业用户提供清洁便利、安全可靠、经济实惠的天然气燃料。项目建设符合国家环保、节能减排、农牧废弃物循环再利用政策。

图4–17 黑龙江省甘南县蓝天新能源秸秆天然气示范项目

甘南县蓝天新能源秸秆天然气示范项目投资1.5亿元，建设集办公、锅炉房、变电所、发酵罐、提纯车间、脱水车间、消防泵房、预处理车间、增压车间、储气柜、加气站、有机肥生产线为一体的生产场所，单体项目规模为年加工 10 万 t 秸秆、2 万 t 牛粪，年生产 1 500 万 m^3 生物天然气，县内铺设管网系统，燃气入户安装 7 000 余户。一是申请贷款投入项目。以黑龙江蓝天能源发展有限公司作为承贷主体，向银行申请贷款，承接项目的县（区）可以城投公司做担保，确保贷款落实。二是引进基金跟进项目。项目建设初期或建成后及时引进“基金”和“风投”，先期投入的项目能够取得成功，后续建设资金主要由资本市场投入。三是招商引资延伸项目。将生物沼气项目进行整体包装，对外进行招商，延伸沼气产业链条，实现效益。沼气主要成分是甲烷，甲烷可作为化工原料，生产乙炔、合成氨、碳黑、硝氯基甲烷、二硫化碳、一氯甲烷、二氯甲烷、三氯甲烷和氢氰酸等产品。

该项目生产工艺采取对秸秆进行发酵生产沼气，沼气经裂解、烘干、提纯等技术变为天然气，达到高标准、高质量、高效率的先进水平。“半干式沼气发酵工艺”是根据中国秸秆沼气发酵的实际需要，吸取国内外湿式和干式沼气发酵工艺的特点与应用范围，并在具有自主知识产权“高浓度推流式”沼气发酵工艺的基础上，研究提出的一种新型的沼气发酵工艺。其主要特点是在厌氧发酵过程中，发酵物料的含固率在 20% ～ 30%。由于发酵物料的含水率要比湿式沼气发酵工艺低很多，因此在处理秸秆、干牛粪等主要原料时，无须添加大量水分进行稀释，可减少发酵装置的体积和热量的消耗；在发酵罐内由于物料保持有一定的流态塑性，因此可在发酵罐内设置搅拌装置，使发酵物料充分混合均匀；发酵罐内设置换热装置，可保证发酵物料所需的温度，以提高发酵效率；利用秸秆和牛粪混合发酵从而减少对环境的污染，很大程度上实现了节能减排，达到保护环境的目的。

该项目年处理秸秆 10 万 t、生产 1 500 万 m^3 生物天然气、生产生物有机肥 6 万 t。供应甘南县城区居民、商业用户、汽车等天然气量约 870 万 m^3，外销周边市（县）630 万 m^3。年实现销售收入 5 374 万元，净利润 2 574 万元，上缴税金 800 万元。该项目供应 3 万户居民和 1 000 台出租车用气。既促进了秸秆离田利用，又降低了居民（商用）用能成本；既增加了出租车运营收入，又解决了液化气供应不足的问题。

4.3.2.5 内蒙古自治区赤峰元易秸秆天然气项目

赤峰元易生物质科技有限责任公司2013年组织建设阿鲁科尔沁旗生物天然气工程一期，总投资17 410.01万元，建设4个厌氧发酵罐2万m^3，二期建设8个厌氧发酵罐4万m^3，粉碎车间921.8m^2，预处理车间3 888m^2，提纯车间304.11m^2，球膜柜及配套设施。

图4-18 内蒙古自治区赤峰元易秸秆天然气项目

该项目年转化秸秆6万t，一期工程日产1万m^3生物天然气工程运行正常，已建成配套城镇加气母站和汽车加气站各1座，城镇中压燃气管网18km，低压庭院管网16km，农村分布式能源站27座，为阿鲁科尔沁旗10 000户城镇居民、5 000户农村居民户及燃气汽车供应生物天然气。二期日产2万m^3生物天然气工程所产生物天然气完全满足阿鲁科尔沁旗29.6万人口及400辆燃气汽车用气需求。

该项目主要产出物为沼气提纯的生物天然气，平均每天供应生物天然气约30 000m^3，市场价按3.8元/m^3计算，可实现生物天然气收益4 161万元/年，沼渣堆制成品有机肥约119t/d，售价按600元/t计算，可收益2 606.1万元/年；因此，项目产品的全部收益为6 767.1万元/年。项目税后财务内部收益率为11.81%，项目税后投资回收期为7.59年。沼渣、沼液等厌氧消化残留物加工为优质有机肥，通过出售及还田利用，可大幅减少氮、磷、钾施肥量，增加土壤肥力，减少土壤板结现象，促进农业的可持续发展。沼气提纯制取生物天然气可减少化石天然气的使用，降低生产成本，保护环境。

4.3.3 生态效益

4.3.3.1 技术经济性分析

生物天然气技术适用于种植业、养殖业发达地区，特别是农作物秸秆、畜禽粪污资源丰富区域，通过生物质规模化利用，形成多元化能源商品供给方式，改善区域能源消费结构，并充分结合区域种植业、养殖业生产，消纳厌氧发酵剩余物，培育生态循环农业技术模式。该技术的开发利用，效益收益水平相对较高，经济性较强。

4.3.3.2 生态效益分析

（1）二氧化碳减排效益。

①替代煤炭量：一个户用 8m^3 沼气池年可生产沼气 360m^3，满足农户 8 ～ 10 个月的炊事用能，即可减少 75% 左右的散煤消耗。每户每年炊事用能约需 3t 散煤，因此一个沼气池年可替代散煤 2.25t 左右，折合标煤 1.6t。

②民用燃煤二氧化碳排放系数：

根据《全球气候变化和温室气体清单编制方法》所述，化石燃料的 CO_2 排放系数公式是：

$$CO_2\text{ 排放系数} = (C_P - C_S) \times C_O \times 44/12$$

式中，C_P 为碳含量；C_S 为固碳量；C_O 为碳氧化率。

C_P 取值：碳含量是指燃料的热值和碳排放系数之积。对于煤炭，热值为 0.020 9TJ/t。碳排放系数因煤炭种类而各异，按照中国 4 种煤炭产量加权平均得到平均系数 24.74t/TJ。因此，煤炭的碳含量为：C_P=0.020 9TJ/t×24.74t/TJ=0.517。

C_S 取值：固碳量是指燃料作非能源用，碳分解进入产品而不排放或不立即排放的部分。在秸秆燃料化利用中，固碳量可不考虑，即 C_S=0。

C_O 取值：碳氧化率因燃烧装置不同而差异很大，民用煤炭燃烧碳氧化率为 80%，即 C_O=0.8。

民用燃煤 CO_2 排放系数：

$$CO_2\text{排放系数} = (C_P - C_S) \times C_O \times 44/12$$
$$= 0.517 \times 0.8 \times 3.67 = 1.517$$

③二氧化碳减排量：

减排量 = 排放系数 × 民用燃煤替代量 =1.517×1.6=2.427t

（2）甲烷减排效益。

①秸秆使用量：户用秸秆沼气的原料主要有玉米秸秆、水稻秸秆和小麦秸秆等。8m^{3}沼气池，需要干秸秆约为400kg。秸秆沼气池正常启动并运行约60d后，需要定期添加新秸秆。每7d左右向沼气池内补充粉碎并经过堆沤处理的秸秆15～25kg。每年消耗的秸秆量大约在1.25t。

②秸秆燃烧的甲烷排放系数：

秸秆燃烧CH_4排放系数 = 干物质率 × 干物质含碳率 × 氧化率 × 碳到CH_4碳的转化率 ×（CH_4分子量 / 碳分子量）

根据《中国温室气体排放清单信息库》提供的数据：秸秆干物质率 = 0.9，干物质含碳率 =0.45，氧化率 =0.9，碳到CH_4碳的转化率 =0.005，CH_4分子量 / 碳分子量 =1.333。

秸秆燃烧CH_4排放系数 =0.9×0.45×0.9×0.005×1.333=0.002 43

③甲烷减排量：

减排量 = 排放系数 × 秸秆消耗量 =0.002 43×1.25×1 000=3.04kg

4.3.4 发展评估

厌氧发酵产沼气是由一系列不同微生物种群联合作用的结果，通过厌氧微生物将生物质转化为以甲烷气体为主的生物质燃气技术。一般每吨秸秆可产沼气270m^3，沼气中甲烷含量为55%左右，低位发热量为21～23MJ/m^3，可用于发电或提纯。

北方地区秸秆沼气技术发展相对缓慢，制约产业发展的因素较多，一是投资成本较高，企业效益低下。企业对秸秆原料长期稳定供应需求较高，秸秆收购价格存在波动，收集、储存和运输难度大。在投资运行方面，以甘南县秸秆沼气工程为例，工程投资1.1亿元，池容1.2万m^3，年消耗秸秆量30 000t左右，受秸秆收储价格与增温保温能耗等成本波动影响，沼气实际生产成本约1.6元/m^3，生物天然气每立方米加工成本2元左右，居民燃气应用销售价格为3.9元/m^3，汽车加气销售价格3.8元/m^3，产品利润较少，企业资金周转运营受到严重影响。二是秸秆沼气生产转化效率较低，清洁能源技术无法得到广泛认可。黑龙江省推广沼气技术较早，工程商业化、产业化运行较晚，受寒冷气候影响，户用沼气基本全部停用，大中型沼气多以沼气供气为主要销售途径，并增设增温保温措施，提高了企业投资与运行能耗成本，沼气工程产气效率仅为全国平均水平的75%左右，气源供应缺乏保障，社会认同度受到较大影响，居民使用及企业投资积极性不高。三是终端产品缺乏市场竞争力。随着技术工艺的不断发展，沼气生产终端产品呈现多元化发展趋势，逐渐开发了沼气发电、汽车加气、沼渣沼液生物有机肥等附属产品。但是，沼气工程建设相关支持政策多注重项目前期投入，缺乏持续稳定的补贴或政策支持，生物质燃气经营权、企业特许经营资质审批阻碍困难较多，生物天然气不能享受国产化石天然气在财政补贴等方面的优惠，绿色发展为导向的农业补贴政策尚未形成，生物天然气、有机肥等产品生产和使用缺乏扶持措施，许多企业盲目追加投资，由于缺乏广泛的市场认知及价格优势，反而导致企业运营更加举步维艰。

近年来，中国沼气行业进入规模化、商业化快速发展阶段，通过产学研结合，针对寒区沼气技术的微生物菌群、最适经济运行温度与高效增温保温措施等工艺，开展了深入研究，寒区沼气工程产气效率得到有效提升。同时，构建了以沼气为纽带的种植业、养殖业、清洁能源产业等多行业结合的循环经济模式，终端产品利用更加多元化，可以作为管网用气、供电、供热、车用燃气、分布式罐装燃气、有机肥制备等，区域产业得到有效链接。以密山市为天新农业有限公司秸秆沼气工程项目为例，该公司投资1 200万元，建成了5 000m^3厌氧发酵池大型秸秆沼气工程，日产沼气6 000m^3，通过积极探索，该公司追加投资2亿元，建设9万m^3秸秆沼气工程，实现日产沼气11万m^3，年消化秸秆12万t，沼气经过提纯后出售给燃气公司，利用沼渣年生产有机肥8万t。

沼气技术对促进区域生态循环农业发展具有重要的意义。因此，黑龙江省沼气技术产业化发展，应首先选择有机废弃物资源丰富的养殖业和种植业大县，以企业为主体，引入社会资金，争取政府支持的市场化机制，立足农业污染源头处理，以畜禽粪污处理为核心，统筹解决区域秸秆资源，通过完善政策补贴机制，保障现有天然气工程项目高效运行和工程技术现代化有序规划发展，从而构建传统农牧业与生物质能源资源化利用的完整产业链条。

4.4 秸秆热解气化集中供气利用模式

4.4.1 运行模式

4.4.1.1 模式组成

秸秆热解气化集中供气利用模式主要由燃气发生系统、燃气输配系统和用户燃气使用系统组成。该模式以村屯为单位，以秸秆燃气发生系统为核心，通过利用固体秸秆生产热解气体向村屯农户集中供气，满足农户炊事用能需求。应用管道燃气是社会生活现代化的重要标志之一，它不仅降低劳动强度、方便生活，而且可极大地降低空气污染，减少有机垃圾，改善居住环境，提高燃烧效率，还可节约能源。在农村实行秸秆气化集中供气，既适合农村小城镇建设发展，又对农村文明建设具有重大推动作用。因此，广大农村广泛使用秸秆燃气，是中国社会发展的一种趋势。

4.4.1.2 技术原理

秸秆气化集中供气系统是20世纪90年代以来在中国发展起来的一项新的生物质能源利用技术。它是在农村的一个村或组建立一个生物质气化站，将生物质经气化炉气化后转变成燃气，通过输气管网输送和分配到用户，系统规模一般为数十户至数百户。秸秆气化集中供气技术属于生物质热解气化技术，是将空气中氧气、含氧物质或水蒸气作为气化剂，通过一系列氧化还原反应，将秸秆转换为可燃气的过程。可燃气中的主要成分为CO、H_2、CH_4、CO_2、N_2等，其中有效成分是CO、H_2、CH_4。根据北京市燃气及燃气用具产品质量监督检验站，2000年10月25日秸秆燃气检验报告得知，可燃气体中含H_2 15.27%、O_2 3.12%、N_2 56.22%、甲烷1.57%、一氧化碳9.76%、二氧化碳13.75%、乙烯0.10%、乙烷0.13%、丙烷0.03%、丙烯0.05%，合计100%。秸秆热解气化技术是将秸秆转化为气体燃料的热化学过程。

秸秆气化是秸秆原料在缺氧状态下加热反应的能量转换过程。秸秆是由碳、氢、氧等元素和灰分组成，当它被点燃后，只供应少量空气并且采取措施控制其反应过程，使碳、氢元素变成一氧化碳、氢气和甲烷等可燃气体（其中含有空气中没参加反应的氮气）。秸秆中大部分能源转移到气体中，这就是气化过程。可燃气燃烧时，再将能量释放出来。这与直接燃用秸秆有本质的区别，直接燃用秸秆要供应充足的空气，燃烧产生的烟气中主要含二氧化碳、水蒸气和氮气。

各种秸秆除灰分不同，热值稍有差异外，其主要的元素成分基本相同，因此它们的气化过程是相同的。

秸秆原料进入气化反应器——气化炉后首先被干燥，然后随着温度的升高，其挥发物质析出并在高温下热解。热解后的气体和炭在氧化区与供入的空气发生燃烧反应，产生二氧化碳和水蒸气。燃烧生成的热量用于上部的热解干燥和下部还原区的吸热反应，燃烧后的气体，经过还原层与炭层反应，生成含 CO、H_2、CH_4、C_mH_n 等成分的可燃气体，由下部抽出。草木灰落到气化器下部清出，可燃气中所含的焦油和细小杂质再由过滤器去除。

秸秆气化需通过气化炉完成，其反应过程很复杂，随着气化炉的类型、工艺流程、反应条件、气化剂的种类、原料的性质和粉碎粒度、原料的干湿程度等条件的不同，虽原理相同，但反应过程却不尽相同，不同条件下的气化过程，基本包括下列反应：

$C+O_2=CO_2$　　$CO_2+C=2CO$　　$2C+O_2=2CO$　　$2CO+O_2=2CO_2$

$H_2O+C=CO+H_2$　　$2H_2O+C=CO_2+2H_2$　　$H_2O+CO=CO_2+H_2$

$C+2H_2=CH_4$　　$CO_2+H_2=CO+H_2O$

4.4.1.3 主要设备

秸秆气化集中供气系统一般包括粉碎机、上料机、气化炉、净化器、风机、水封器、储气柜、阻火器、输气管、集水井、阀门井、入户管线、气表、灶具等设备。

气化炉是秸秆气化机组的核心，秸秆气化的效率、机组功率、燃气质量等性能指标都主要取决于它。气化炉大体上可分为两大类，即固定床气化炉和流化床气化炉。在固定床气化炉中，物料基本上是按层次地进行气化反应，因而称为固定床。反应产生的气体在炉内的流动要通过安装在气化系统出口的容积式风机（罗茨风机）来实现。固定床气化炉的炉内反应速度较慢。按气体在炉内的流动方向，又可将固定床气化炉分为下吸式、上吸式、横吸式和开心式 4 种类型。流化床气化炉的工作特点是将粉碎的生物质原料投入炉中，气化剂由鼓风机从炉栅底部向上吹入炉内，物料的燃烧气化反应呈“沸腾”状态，反应速度快。

在秸秆气化集中供气系统中，气化炉的选用是根据不同的用气规模来确定的，如果供气户数较少，选用固定床气化炉；如果供气户数多（一般多于 1 000 户），则使用流化床气化炉更好。秸秆燃气的炉具与普通的城市煤气炉具有所区别，国内此类炉具的生产厂家也较多，效果也较好，可以满足用户要求。

气化炉中产生的燃气一般要经过净化处理后才可使用，净化的目的是除去气体中的固体颗粒、灰分、可冷凝物和焦油，从而得到符合使用条件的洁净燃气。净化器的种类很多，根据需要可采用多种净化方式混合使用和多级净化的方法，以达到净化目的。

储气柜根据密封原理，可分为干式和湿式两种。湿式储气柜也常称为水封式储气柜，干式储气柜与湿式储气柜的不同点是干式储气柜取消了原始气柜的浮罩和用水密封气体的方式，在钢制壳体内，放置一个以合成材料制成的气袋，气袋最上端装有配重，提供气体出口压力。当袋内无秸秆燃气时，气袋收缩，其最低位置由重锤限定。这种气柜的优点如下。

（1）防寒、防冻，适用于高寒地区。

（2）防腐蚀，有利延长气柜使用寿命，降低运行、维护、保养费用。

（3）比湿式储气柜节省钢材，造价较低廉。

（4）便于维护、保养。

4.4.1.4 利用途径

秸秆热解气化集中供气系统适用于秸秆资源丰富地区，以自然村为单位为农村居民提供炊事用能。考虑到运行成本高，通常要求村经济情况较好，能够承担长期无盈利运行。

秸秆气化产出的可燃气热值较低，主要随气化剂的种类和气化炉的类型不同有较大的差异。目前中国大部分秸秆气化，所用的气化剂都是空气，在固定床和单流化床气化炉中生成的可燃气，热值通常在 4 200 ～ 7 560kJ/m^3，采用氧气蒸气或氢气作为气化剂，在不同类型的气化炉中可产出中热值（10 920 ～ 18 900kJ/m^3）乃至高热值（22 260 ～ 26 040kJ/m^3）的可燃气，但其复杂的设备和较高的运行成本，使其应用受到一定限制。

低热值的可燃气，其用途也十分广泛，主要用途如下。

（1）供民用炊事和取暖。

（2）烘干谷物、木材、果品等。

（3）发电。

（4）区域或温室冬季供热。

4.4.2 典型示范

4.4.2.1 黑龙江省佳木斯市汤原县生物质清洁供暖项目

汤原正兴合新能源技术有限公司是一家专注于秸秆等农林废弃物无害化处理和能源化利用技术的科技型企业。2021 年秋季，公司通过市场走访调研，了解到汤旺乡现有约 400 户农户需要冬季采暖，清洁供暖改造面积达 3 万 m^2。公司在当地政府的大力支持下，正式启动工程建设。同时整理出一套完整的清洁供暖试点工作经验，不断优化改善，总结出一套符合当地民情切实需求的清洁供暖新模式，并在 2022 年复制推广（图 4–19）。

图 4–19　黑龙江省佳木斯市汤原县生物质清洁供暖项目

该公司在汤原县汤旺乡实现集中清洁供暖，替代传统燃煤锅炉。利用生物质高温热解气化技术，将秸秆转化为生物质燃气，带动燃气锅炉达到清洁供暖。改造项目总投资 1 200 万元，改造换热站 1 个，新建制气设备供暖系统 1 套，新增燃气设备 2 台，换热器 2 台，铺设管网，建设总控制基井 1 个。2021 年完成了农村地区集中清洁取暖工程建设并投入使用，运行稳定。项目建成后替代了乡镇传统燃煤锅炉 1 台（套），清洁供暖 3 万 m^2，后期可扩充 1 万～2 万 m^2 。可 24h 恒温供热，且无污染、成本低、热源充足，解决供暖问题的同时，消纳农村剩余秸秆 2t，带动农村就业，后期生产余气可供给居民生活使用，顺利实现了 2021 年冬季清洁供暖，并总结归纳出一套符合当地民情的清洁供暖新模式。2022 年公司增加铺设清洁取暖管道，扩建了当地供暖面积，同时增设了燃气管道，为农村“双气”供应做准备。

该项目总造价 1 200 万元，年销售收入约 211 万元，净利润 195 万元，投资收益率为 16.3%，回收期 6.15 年。项目年可处理秸秆约 2 万 t，替代标煤 1 万～1.5 万 t，年减排 CO_2 约 2.62 万 t，减排 SO_2 约 170t，减排 NO_x 约 148t。项目运营可直接或间接带动乡村就业 100 余人，为乡村振兴提供技术支撑。

4.4.2.2 河南省新乡市获嘉县中和镇东小吴村气化站项目

河南省新乡市获嘉县中和镇东小吴村气化站（图 4–20），2002 年 10 月建成营业，该秸秆气化站年产气 40 万 m^3，目前免费供本村农户使用，气化站收入全部来自秸秆炭的出售，其他有价值“副产品”（如秸秆焦油）因数量较少没有进行商业性交易。目前产秸秆炭 280 t，按秸秆炭平均价格 1 200 元/t 计算，全年收入为 33. 6 万元。该村建设 1 座中热值秸秆气化站，购置和建设的设备有原料处理机 1 台，中热值气化机组 1 台，建设 400m^3 的储气柜 1 座，埋设气管约 1 000m，260 多户室内专用炉具和气表，固定资本投入为 135 万元。综合上述收支正负偏差情况分析，具体各项财务收支数据会有出入，但盈利趋势还是可以相信的。

图 4–20　河南省新乡市获嘉县中和镇东小吴村气化站

4.4.2.3 辽宁省大连市郊龙塘村秸秆气化站项目

辽宁省大连市郊龙塘村秸秆气化站（图 4–21），采用大连市环境科学设计研究院开发的秸秆气化供气系统，供气规模为 200 户农户及两家饭馆。秸秆气化站建设总投资 49.4 万元，其中气化设备及安装费 27.4 万元，主要产品有可燃气、木质炭和木焦油，该秸秆气化站年产燃气 21 万 m^3，其中向外售出 15 万 m^3，生产自用 6 万 m^3，年产木质炭 210t，其中出售 160t，生产自用 50t，年产木焦油 40t，全部出售，木质炭的价格目前各地差别较大，按其平均价格 1 200 元/t 计算，全年收入 19.2 万元，该系统中的木焦油优于其他气化工艺的焦油（主要是未被氧化），是一种贵重的化工原料，达到一定规模后，出口潜力较大。按其平均价格 1 500 元/t 计算，全年收入 6 万元。该气化站的年纯利润可达到 13 万元左右。由此可见，气化站可以维持长期商业化经营。

图 4–21 辽宁省大连市郊龙塘村秸秆气化站

4.4.3 效益分析

4.4.3.1 技术经济性分析

生物质气化集中供能模式主要以居住相对集中的自然村为单元，利用生物质气化技术生产生物质燃气，农户选择壁挂炉作为末端采暖设施，为农户冬季供暖。与传统的散煤采暖方式相比，生物质气化集中供气模式类似于城市集中供气，解决了城市燃气管道覆盖不到的农村地区供气问题，农户使用方便，加温效果好，既能解决气源缺乏地区冬季供暖，也可为农户提供炊事和洗浴用能等。但在实际市场化运作中，生物质气化工程推广并不理想。究其原因，首先是生物质气化工程投资较高，投资回收期过长，如果没有政府政策及资金持续支持，企业难以持续运营；其次是生物质热解气化技术在焦油二次污染、原料适应性方面并没有很好解决，存在技术风险；最后，生物质气化集中供热技术，单位供暖成本与其他供暖技术相比，缺乏价格优势，气、热、电、灰渣、木醋液等气化技术产品未得到联合开发利用，循环经济链尚未形成，经济效益优势无法有效发挥。

生物质气化集中供气模式资金需求主要包括设备投资和运行费用。设备投资包括生物质气化设备设施和农户终端用能设备壁挂炉投资；运行费用包括气化设备运行费用和农户燃气费。从投资需求来看，生物质气化集中供气模式资金需求量大，一次性设备投资高，依靠市场化运行很难收回投资成本，必须依靠政府投资，在政府投资不足的情况下，利用政府担保的方式，发挥信贷资金的作用。

4.4.3.2　生态效益分析

（1）二氧化碳减排效益。

①替代煤炭量：一个户用 8m^3 沼气池年可生产沼气 360m^3，满足农户 8 ～ 10 个月的炊事用能，即可减少 75% 左右的散煤消耗。每户每年炊事用能约需 3t 散煤，因此一个沼气池年可替代散煤 2.25t 左右，折合标煤 1.6t。

②民用燃煤二氧化碳排放系数：

根据《全球气候变化和温室气体清单编制方法》所述，化石燃料的 CO_2 排放系数公式是：

$$CO_2 \text{排放系数} = (C_P - C_S) \times C_O \times 44/12$$

式中，C_P 为碳含量；C_S 为固碳量；C_O 为碳氧化率。

C_P 取值：碳含量是指燃料的热值和碳排放系数之积。对于煤炭，热值为 0.020 9TJ/t。碳排放系数因煤炭种类而各异，按照中国 4 种煤炭产量加权平均得到平均系数 24.74t/TJ。因此，煤炭的碳含量为：C_P=0.020 9TJ/t×

24.74t/TJ=0.517。

C_S 取值：固碳量是指燃料作非能源用，碳分解进入产品而不排放或不立即排放的部分。在秸秆燃料化利用中，固碳量可不考虑，即 $C_S=0$。

C_O 取值：碳氧化率因燃烧装置不同而差异很大，民用煤炭燃烧碳氧化率为 80%，即 $C_O=0.8$。

民用燃煤 CO_2 排放系数：

$$CO_2\text{ 排放系数}=(C_P-C_S)\times C_O\times 44/12$$

$$=0.517\times 0.8\times 3.67=1.517$$

③二氧化碳减排量：

$$\text{减排量}=\text{排放系数}\times\text{民用燃煤替代量}$$

$$=1.517\times 1.6=2.427\text{t}$$

（2）甲烷减排效益。

①秸秆使用量：户用秸秆沼气的原料主要有玉米秸秆、水稻秸秆和小麦秸秆等。8m^3 沼气池，需要干秸秆约为 400kg。秸秆沼气池正常启动并运行 60d 后，需要定期添加新秸秆。每 7d 左右向沼气池内补充粉碎并经过堆沤处理的秸秆 15 ～ 25kg。每年消耗的秸秆量大约在 1.25t。

②秸秆燃烧的甲烷排放系数：

秸秆燃烧 CH_4 排放系数 = 干物质率 × 干物质含碳率 × 氧化率 × 碳到 CH_4 碳的转化率 ×（CH_4 分子量 / 碳分子量）

根据《中国温室气体排放清单信息库》提供的数据：秸秆干物质率 = 0.9，干物质含碳率 =0.45，氧化率 =0.9，碳到 CH_4 碳的转化率 =0.005，CH_4 分子量 / 碳分子量 =1.333。

秸秆燃烧 CH_4 排放系数 $=0.9\times 0.45\times 0.9\times 0.005\times 1.333=0.002\,43$

③甲烷减排量：

减排量 = 排放系数 × 秸秆消耗量 $=0.002\,43\times 1.25\times 1\,000=3.04$kg

4.4.4 发展评估

秸秆热解气化技术是以生物质秸秆为原料，经过热解和还原反应后生成可燃性热解气，通过管网输送，用于居民炊事或采暖用能。但是，秸秆热解气化集中供气工程项目运行率较低，全国平均工程运行率在 40% 左右，东北地区工程运行率仅为 15%，而黑龙江省的工程运行仅 1 ～ 2 处，造成该技术发展困境的主要原因如下。

（1）技术存在一定壁垒。中国发展秸秆热解气化技术较早，前期生产多为低值燃气，热值在 1 000kcal 左右，气化过程易产生大量焦油，与城市煤气相比，其焦油含量要高出 3 ～ 5 倍，热值仅为其 30% 左右，加之燃气中一氧化碳含量高，易出现安全事故，导致热解气化工程运行率相对较低。

（2）应用群体模糊。生物质热解供气应用推广中，仅在农垦地区或有少量楼房住宅的农村地区具备一定应用市场。面向城镇供气，多数居民感觉燃气火力不旺，使用意愿不强，产品严重缺乏市场竞争力，加之燃气特许经营权资质审批阻碍困难较多，难以进入城镇市场。而面向广大农村地区，居民传统用能多采用生物质或煤气进行炊事，对秸秆热解燃气的使用缺乏积极性。

（3）投资成本高、企业效益低下。一般建 1 处供气规模 400 户炊事利用的秸秆气化站，需要投资 100 万元左右，还需要铺设管网、储气柜等基础设施，共需投资大约 180 万元，如果年供气量约 20 万 m^3，秸秆利用需 900t 左右，原料收储运成本按 150 元/t，加上人工及运行能耗等费用，年运行成本约 25 万元。农户供气使用消费，市场价格明显低于城镇天然气价格，部分工程项目燃气销售价格仅为 1 元/m^3 左右，导致许多企业处于亏损状态。

近年来，随着技术及装备的发展，秸秆热解气化技术可燃气热值得到提高，中热值燃气可类似焦炉煤气，热值可达 3 000kcal 左右，同时，为了增加终端用能方式，提升技术产品商业附加值，构建形成了生物质气化多联产工艺，即以生物质气化集中供气为纽带，辅以发电机组、供热管网系统等配套装备，通过规模化、梯级化发展，形成“生物质废弃物—热解气化—气液分离—供气、发电、供热—生物质炭肥—木醋液肥料—种植业生产”技术路径，实现气、电、热、肥等能源供应和产品供应的多元化、一体化开发利用，提升企业经济效益。

因此，秸秆热解气化技术发展，应针对现有工程项目基础水平与市场需求，挖掘技术项目产能，采用生物质气化多联产工艺模式，引导技术产业化发展道路，打造高附加值产品，通过提升产品综合效益，保证工程可持续运行。

5 秸秆液化利用模式

5.1 秸秆制取纤维素乙醇模式

5.1.1 模式组成

当前全球资源危机，油价居高不下，寻找石油的合理替代物受到了前所未有的重视。从现有的技术看，乙醇很有可能是未来的石油替代品。秸秆制取纤维素乙醇利用模式主要由秸秆预处理系统、秸秆水解产糖系统、乙醇提纯系统、木质素浓缩系统和木质素高效利用系统等部分组成。秸秆制取纤维素乙醇利用模式以大型秸秆利用企业为单位，以秸秆水解产糖系统为核心，主要提供燃料乙醇，同时产生甘油、杂醇油、有机酸等副产品。乙醇是重要的工业原料，应用十分广泛，用乙醇作为燃料具有能效高、清洁、安全、可再生等优点。目前，燃料乙醇主要由玉米、甘蔗、薯类等农作物发酵产生，生产成本过高，无法得到广泛应用，必须寻找新的生产原料和技术，降低燃料乙醇的生产成本，使其大规模应用成为可能，这是燃料乙醇生产的首要问题，玉米秸秆无疑是最合适的原料之一，不仅缓解了资源危机和粮食危机，对环境污染也有很重要的意义，更为可持续发展提供了保证。

5.1.2 技术原理

玉米秸秆的主要成分是植物细胞壁，而植物细胞壁由纤维素、半纤维素和木质素组成。纤维素是一种直链多糖，由 100 ～ 1 000 个 β -D- 吡喃型葡萄糖以 β -1,4 糖苷键连接而成，水解纤维素可得到葡萄糖。半纤维素主要由木糖、半乳糖和甘露糖组成，可被水解为五碳糖。木质素是一种高分子芳香族化合物，不能水解成糖，但可用作燃料。玉米秸秆的化学组成如表 5-1 所示。

表 5-1　玉米秸秆的化学组成

组分名称	纤维素	半纤维素	木质素	脂酸盐	可溶出物质	灰分	其他
干基含量（%）	37.3	20.6	17.5	2	13	6.1	3.5

玉米秸秆中的纤维素和半纤维素可用作燃料乙醇的生产。但玉米秸秆中有难以降解的木质素包裹，使纤维素、半纤维素的水解变得异常困难，这成为木质纤维材料利用的重大障碍。必须利用有效的预处理方法，破坏木质纤维素的高级结构，才能使纤维素和半纤维素生产乙醇成为可能。经过有效的预处理后，纤维素和半纤维素被分离出来，可利用酸或酶将它们水解成葡萄糖和木糖，再利用酵母发酵，蒸馏后即可得到乙醇。

5.1.3　工艺流程

5.1.3.1　秸秆预处理阶段

秸秆天然纤维素的高度结晶性和木质化，阻碍了酶与纤维素的接触使其难以直接被降解。必须通过预处理，以降低纤维素的结晶度，增加纤维原料的多孔性，脱除木质素的保护作用，增加酶与底物的接触面积，从而提高酶解的效率。秸秆预处理方法有物理法、物理化学法、化学法和生物法。

（1）物理方法。机械粉碎是纤维原料预处理的常用方法，通过切、碾和磨等工艺使纤维原料的粒度变小，增加底物和酶接触的表面积，降低纤维素的结晶度。机械粉碎包括干法粉碎、湿法粉碎、振动球磨碾磨等。

（2）物理化学方法。

蒸汽爆破：将木质纤维原料用 160 ～ 260℃水蒸气处理适当时间（30s 至 20min））后，突然减压，蒸汽从反应釜中迅速喷出，使原料爆破。该预处理加剧了纤维素内部氢键的破坏和有序结构的变化，游离出新的羟基，增加了纤维素的吸附能力，也促进了半纤维素的水解和木质素的转化。

氨纤维爆破：和蒸汽爆破预处理类似，但是避免了高温条件下糖的降解以及有害物质的产生。

（3）化学方法。

稀酸预处理：通常采用0.3%～3%的H_2SO_4于110～220℃下处理一定时间。由于半纤维素被酸水解成单糖，纤维残渣形成多孔或溶胀型结构，从而促进了酶解效果。

碱法预处理：利用木质素能够溶于碱性溶液的特点，脱除木质素，引起木质纤维原料润胀，导致纤维内部表面积增加，聚合度降低，结晶度下降，从而促进酶水解的进行。常用的碱包括NaOH、KOH、$Ca(OH)_2$和氨水等。

（4）生物方法。生物法预处理条件温和，能耗低，无污染，但通常处理的时间较长，而且许多白腐真菌在分解木质素的同时也消耗部分纤维素和半纤维素。

5.1.3.2　秸秆水解产糖阶段

纤维素和半纤维素水解成糖的反应需要催化才能发生。常用的催化剂包括无机酸和酶，于是就产生了酸水解法和酶水解法。水解反应的机理是在催化剂存在的条件下，纤维素和半纤维素内部的糖苷键被水解，而得到低分子糖类物质，进一步分解可以得到葡萄糖和木糖等。

由葡萄糖到乙醇的过程主要分成两个阶段，即糖酵解阶段和丙酮酸转化为乙醇的阶段。在糖酵解阶段葡萄糖经过转化形成丙酮酸。酵母菌在无氧条件下，丙酮酸继续降解，生成乙醇。

（1）水解方法。

①酸水解法：常用的酸包括盐酸和硫酸。酸在水中解离出氢离子，纤维素链上的β-1,4糖苷键和H_3O^+接触，β-1,4糖苷键上的氧接受一个H^+，使氧键断裂，与水反应生成羟基并放出H^+，H^+可再次催化水解反应。

利用浓酸和稀酸的水解反应又有所不同。浓酸法一般采用浓硫酸，其水解过程是纤维素→酸复合物→低聚糖→葡萄糖。浓硫酸水解法有回收率高、副产物少的优点，但浓硫酸须回收再利用，工艺较为复杂，而且浓硫酸腐蚀性强，处理较为困难。稀酸法一般采用稀硫酸或稀盐酸，其水解过程为纤维素→水解纤维素→可溶性多糖→葡萄糖。稀酸水解法的转化率低（约为50%），而且会产生大量的副产物。总的来说，酸水解法需要耐酸、耐压的设备。稀酸水解法成本低，但水解效果不够理想；而浓酸水解法尽管效果稍好，但工艺复杂，成本较高。

②酶水解法：采用纤维素酶和半纤维素酶进行水解，是一种高效的水解法。纤维素酶是一种多组分的复合酶，它包括内切型葡聚糖酶、外切型葡聚糖酶和纤维二糖酶 3 种主要成分。其水解机理一般认为是纤维素大分子首先在内切酶和外切酶的作用下降解成纤维二糖，纤维二糖酶将其进一步水解得到葡萄糖。半纤维素酶，即木聚糖酶，包括内切型 β-1,4-木聚糖酶、外切型 β-木糖苷酶及几种辅酶，如糖苷酶和酯酶。内切型 β-1,4-木聚糖酶使木聚糖降解为木寡糖；外切型 β-木糖苷酶通过切割木寡糖的末端而释放木糖残基；糖苷酶可从木聚糖主链上移除阿拉伯糖和 4-O-甲基葡萄糖醛酸；而酯酶可水解连在木聚糖木糖单元和醋酸之间或阿拉伯糖侧链残基和酚酸之间的酯，从而将半纤维素水解成木糖、阿拉伯糖等五碳糖。酶水解法条件温和，可在常压下进行，这样就减少了能耗。而且酶的催化专一性很高，可形成单一产物，有较高的产率。根据以上这些优点，酶水解法用于水解玉米秸秆中的纤维质是非常合适的。

（2）发酵方法。目前效果较好的发酵方法主要有同步水解发酵法和固定化细胞发酵法。

①同步水解发酵法：如先进行纤维素的酶水解，反应得到的糖液作为发酵碳源。在这个过程中乙醇的产量会受到末端产物、低细胞浓度和底物基质的抑制。为了解决这些问题，Gauss 等于 1976 年提出了在同一个反应罐中同步进行纤维素水解和乙醇发酵的同步水解发酵法（Simultaneous saccharification and fermentation，SSF）。海湾石油（中国）有限公司和阿肯色大学共同研制了一种同步水解发酵法工艺流程。该工艺流程的产酶菌种为里氏木霉。原料中含 8% 的纤维素，经 SSF 法可得到 3.6% 的乙醇。SSF 法的优点很多，它可以部分解决葡萄糖的反馈抑制作用；如果选用适当的酵母，纤维二糖也能得到利用；该工艺还可以提高水解速度，糖的产量和乙醇得率也将增加。SSF 法的主要问题是水解和发酵温度的协调问题和木糖的抑制作用。

②固定化细胞发酵法：固定化细胞发酵工艺主要研究内容是酵母和运动发酵单胞菌的固定化。利用固定化细胞发酵法可以提高发酵器内的细胞浓度，细胞可连续使用并能提高发酵液酒精浓度，常用的载体有海藻酸钠、卡拉胶等。混合固定化发酵是一个新的发展方向，例如酵母与纤维二糖一起固定化细胞发酵，将纤维二糖基质转化成乙醇，这种方法被认为是今后纤维素原料生产原料乙醇的重要手段。目前固定化细胞发酵法不够成熟，还需要进一步研究。

（3）发酵微生物。生产中能够发酵生产乙醇的微生物主要有酵母菌和细菌。

目前工业上生产乙醇应用的菌株主要是酿酒酵母，这是因为它发酵条件要求粗放，发酵过程 pH 值低，对无菌要求低，以及其乙醇产物浓度高。细菌由于其生长条件温和，pH 值高于 5.0，易染菌，细菌还易感染噬菌体，一旦感染了噬菌体将带来重大经济损失。所以迄今为止，生产中大规模使用的仍是酵母。

（4）酵母的生长条件。

①温度：其正常的生活和繁殖温度是 29 ～ 30℃。在很高或很低的温度下，酵母的生命活动消弱或停止。酵母发育的最高温度是 38℃，最低温度为 –5℃；在 50℃时酵母死亡。

② pH 值：酵母的生长 pH 值为 3 ～ 8，但最适生长 pH 值为 3.8 ～ 5.0。当 pH 值降到 4.0 以下时，酵母仍能继续繁殖，而此时乳酸菌已停止生长，酵母的这种耐酸性能被用来压制和消除其他细菌的生长，即将该培养料加酸调至 pH 值 3.8 ～ 4.0，并保持一段时间，在此期间酵母生长占绝对优势，细菌污染即可消除。

③溶氧：酿酒酵母是兼性厌氧菌，在有氧时靠呼吸产能，无氧时借发酵或无氧呼吸产能，所以乙醇酵母在菌种生长起始通风培养，等长至对数期快结束时停止通风，进行厌氧培养，从而使细胞进行发酵产乙醇。

（5）生产酵母菌株要求。

①能快速并完全将糖分转化为乙醇，有高的比生长速度，也有高的耐乙醇能力，抵抗杂菌能力强，对培养基适应性强，不易变异。

②耐渗透压能力强，耐酸耐温能力强，对金属特别是 Cu^{2+} 的耐受性强，并且产生泡沫要少。

（6）酒精发酵的副产物。

①甘油：正常发酵条件下，发酵醪中只有少量的甘油生成，其含量为发酵醪量的 0.3% ～ 0.5%。但在一些条件下，酵母可以转化糖分为甘油。

②杂醇油：在乙醇发酵过程中，由于原料蛋白质分解产生了氨基酸，氨基酸的氨基被酵母菌同化，用作氮源，余下的部分脱羧生成相应的醇类，这些醇类就是杂醇油。

③有机酸：除琥珀酸外，其他有机酸均是由于杂菌污染的结果。乙酸菌可以利用乙醇生成乙酸，乙酸的生成往往会增加挥发酸的含量。

5.1.3.3 乙醇提纯技术

采用三塔差压精馏工艺+分子筛脱水技术得到产品乙醇，实现蒸汽的多效利用，开发精馏与脱水过程耦合降耗技术，联合研发高性能填料，降低能耗及投资。乙醇提纯技术是全厂能耗最大装置，通过蒸馏装置换热网络集成，优化换热，最大限度地降低能耗，力争将吨酒单耗减至2.2t以下。

5.1.3.4 木质素浓缩技术

对蒸馏废醪液进行多级浓缩，通过分离废醪液得到滤饼及滤液，滤液经蒸发得到浓缩糖浆，充分回收装置副产物，将滤饼和糖浆作为生物质锅炉燃料。

5.1.3.5 木质素高效利用技术

利用乙醇生产后滤饼和糖浆中的热值，将其作为生物质锅炉的燃料，能够为乙醇生产装置提供充足的蒸汽和电，并有效处理乙醇生产过程中的废弃物，实现循环利用，降低生产成本。

5.1.4 适宜区域

生物质资源丰富的地区，包括河北省、内蒙古自治区、辽宁省、吉林省、黑龙江省、安徽省、山东省、河南省、湖北省、四川省、陕西省、甘肃省、新疆维吾尔自治区等地。

5.1.5 安全生产

（1）技术推广过程中，项目规模不宜太大，因为秸秆密度低，需要有一个合理的运输半径。

（2）秸秆存储要注意防火、防水、防霉变等，应设置消防通道，配备相应消防设施。

（3）严格控制原料含水量及粒度，降低预处理过程损失率，提高原料收率。

（4）精确控制蒸馏操作及热耦合，产出合格乙醇且能耗最低。

（5）废醪液分离时控制滤饼水分，严禁水分超标，影响锅炉燃烧。

（6）合理控制蒸发干物浓度，避免浓度过高造成粘壁。

5.2 典型示范

5.2.1 黑龙江省海伦市纤维素燃料乙醇示范项目

国投先进生物质燃料（海伦）有限公司主要致力于发展新兴环保生物质能源，是一家年产 3 万 t 纤维素燃料乙醇的生产企业，原料以玉米秸秆类生物质为主，年消耗玉米秸秆类生物质原料 23 万 t。该公司主要产品为纤维素燃料乙醇，规模为 3 万 t/年，副产品为 0.98MPa 级蒸汽，规模为 11 万 t/年。

黑龙江省海伦市纤维素燃料乙醇示范项目（图 5–1）的投产运行可疏缓环保压力，解决劳动力就业，推动地方经济发展。未来纤维素燃料乙醇技术的推广前景广阔，生物质能源产业是助力中国“双碳”目标实现的重要产业之一。年产 3 万 t 纤维素燃料乙醇项目为全国首台（套）示范项目，该项目于 2021 年 6 月动工，2022 年 4 月底完工。纤维素燃料乙醇主体装置从 2022 年 3 月初开始联动试车，于 5 月初打通流程，产出产品，试车成功。通过公司全体员工齐心协力的共同努力，装置边试车、边改造优化，最终落实改造优化项目超过 100 项，装置的整体能力也在逐步提高。项目于 2022 年 8 月初正式进入试生产阶段，目前负荷已经稳步提升至 70% 左右，产出成品乙醇约 1 500t。争取近两年实现降低生产成本，寻求新的市场，达到 5 000t 产品的生产目标，并完成出口销售任务。

图 5–1 黑龙江省海伦市纤维素燃料乙醇示范项目

项目达产后，在国内销售，预计年销售收入 21 000 万元，利税约 4 000 万元，年均净利润 1 730 万元。若在欧盟市场销售，每年可以为当地创收外汇收入近 30 000 万元。该项目为科技环保型扶贫产业，社会效益和生态效益显著，利用秸秆生产纤维素乙醇，不仅可以大规模消化秸秆，阻断因焚烧引发环境污染的一个源头，还可以通过纤维素乙醇这种生物质能源的应用，减少二氧化碳等温室气体的排放，从而改善环境。经过权威机构测算，每生产和使用 1t 纤维素乙醇，能够减少二氧化碳排放 3.47t，则该项目每年可以减少碳排量为 10.4 万 t。同时，按照每吨秸秆，农民获利 100 元测算，每年可为当地农民年增收 2 300 万元，解决直接就业人员近 300 人，间接系统性就业人员 700 人左右，有效带动地方经济发展。

以秸秆为原料生产纤维素燃料乙醇，使原本废弃的秸秆资源变成可以买卖的商品，从秸秆的收集、储存和运输等环节，直接或间接为农民提供了就业机会，促进农民增收，有利于促进农业农村发展和北方生物质资源丰富地区的经济发展。同时，避免了大量秸秆没有合理出口，焚烧处理对环境的污染，保护地球大气环境。据权威机构测算，利用秸秆每生产和使用 1t 纤维素燃料乙醇，与化石能源相比，将会“负碳 3.8t”，为实现“碳达峰、碳中和”，加速“烃经济”向“糖经济”转变做出突出贡献。利用生物质燃料乙醇生产技术，可提高能源自给能力和安全水平，缓解能源危机。

5.2.2 黑龙江省中粮生化能源（肇东）有限公司纤维素燃料乙醇项目

中粮生化能源（肇东）有限公司于 2006 年起累计投资 1.7 亿余元，建设了 500t/年纤维素燃料乙醇中试装置，开始了多年持续的试验研发，通过产学研一体化创新的模式，结合自主创新和集成创新，形成了具有自主知识产权的纤维素燃料乙醇成套技术，开发了关键国产成套装备，开发了国内领先和世界先进水平相当的纤维素燃料乙醇工艺技术软件包。公司 2012 年开始启动“5 万 t/年纤维素燃料乙醇项目”，该项目总投资 5.5 亿元，占地面积 9.4 万 m^2。项目采用醇电联产循环经济模式，年消耗玉米秸秆 30 万 t，可生产纤维素燃料乙醇 5 万 t（图 5–2）。

图 5-2 中粮生化能源（肇东）有限公司纤维素燃料乙醇项目

5.2.3 黑龙江建业燃料有限责任公司秸秆纤维素乙醇项目

黑龙江建业燃料有限责任公司与丹麦合作，引进丹麦秸秆燃料乙醇技术，投资 1.6 亿元人民币，年产 30 万 t 秸秆纤维素乙醇项目（图 5-3）已经进入基本建设阶段，目前在呼兰区长岭镇、双井镇、西井镇等地已经建设完成秸秆原料储存库 12 个（总占地面积 2.5 万 m^2），在建 11 个（总占地面积 1.96 万 m^2），拟建 17 个，建成后可年消耗 120 万 t 秸秆，整个项目计划 2026 年 8 月试运行并达产。

图 5-3 黑龙江建业燃料有限责任公司秸秆纤维素乙醇项目

5.3 效益分析

燃料乙醇生产成本较高，据中粮生化能源（肇东）有限责任公司相关人员介绍，目前玉米秸秆（含水率30%、杂质20%）收购成本约为330元/t。根据其生产工艺，生产1t纤维素燃料乙醇，需实际消耗玉米秸秆11t左右，原料成本达到3 500元左右。另外，原料水解、发酵所需的关键酶多来自国外公司，所需酶的成本投入约为1 500元/t；加上生产运行所需能耗、人工等费用，生产总成本更高。而燃料乙醇市场销售价格由于受原油价格影响较大（按93#汽油价格的91.11%计），目前约为6 800元/t。因此，纤维素燃料乙醇生产成本较高，企业生产效益不大，需获得政府政策支持和经济补贴。

5.4 发展评估

秸秆液化技术是通过物理、化学、生物方法，使秸秆中的木质素、纤维素等转化为醇类、可燃性油或其他化工原料。发展燃料乙醇主要是基于玉米籽粒等陈化粮的处理与高值化利用，而秸秆纤维素燃料乙醇作为第二代乙醇技术，通过企业投资建设，实际运行过程中也面临着一些问题。

5.4.1 关键技术壁垒

秸秆原料结构具有不均一性，各部分化学成分及纤维形态差异较大，而发酵过程中所需原料水解、发酵的关键酶多来自国外公司，该部分成本投入高，而燃料乙醇水溶性强，如何在运输和保存过程中防止乙醇水溶变质，也是困扰燃料乙醇工业化生产及应用的主要问题。

5.4.2 生产成本较高

一般企业秸秆收储运成本约300元/t，根据其生产工艺，每生产1t燃料乙醇，实际消耗玉米秸秆最高可达10t，原料成本达到3 000元左右，加之进口关键酶的购入成本，预处理、能源消耗及人工等费用等，其生产成本最高可达 7 000 元左右，而燃料乙醇销售市场价格约为 6 800 元/t 左右，较高的生产成本，直接影响企业生产效益。

5.4.3 政策波动影响较大

获得政府批准和补贴是燃料乙醇生产企业开工的必要前提，而政府补贴政策变化对燃料乙醇生产效益波动影响非常大。2005 年，中国粮食乙醇生产国家定额补贴为 1 883 元/t，随着粮食紧缺问题的出现，为了制约粮食乙醇的生产，国家定额补贴由 2011 年开始下降至 500 元/t 左右，2016 年以后补贴完全取消。而对于非粮乙醇生产，补贴标准及相关鼓励政策没有及时调整，补贴额度也仅为 750 元/t，企业积极性不足，由于秸秆乙醇生产成本高，较低的销售补贴使得企业很难获得盈利。

5.4.4 市场问题

中国燃料乙醇具有明显的政府推行特点，省级政府拥有项目工程建设的审批权力，却由国家统一实行定点生产、定向销售、政府定价、政府定额补贴，地方政府很难对政策及相关产业进行干预和调整，企业自主性及活力不强。燃料乙醇生产成本相对较高，利润空间有限，一方面不足以与汽油等化石能源竞争，另一方面其市场准入还受中石油、中石化等企业的制约，这些使得燃料乙醇的推广及未来发展也受到严重阻碍。

6 发展建议与展望

为加快推进秸秆燃料化利用水平，一方面要重点解决农村能源问题，另一方面通过形成秸秆利用的长效机制，使秸秆燃料化开发利用向储运机械化、购销商品化、途径多元化、产品多样化、开发利用产业化方向发展。

6.1 坚持以禁促用，健全秸秆收储运体系

各级政府应进一步加强秸秆禁烧工作，压实责任，把秸秆综合利用和秸秆禁烧纳入政府目标管理绩效考核范畴，建立健全行政首长负责制，通过严厉的惩戒手段和严格的监管制度，配合秸秆综合利用工作。同时，从控制环境污染角度出发，从源头上减少农村散煤、秸秆低值利用的消费习惯，实现以禁促用，从而促进秸秆综合利用技术推广，助力农村生态环境整治任务。

秸秆离田利用的原材料充足供应是相关企业以及示范项目正常运行的有力保障，因此，进一步健全和完善秸秆收储运服务体系已成亟待解决的问题。首先，合理布局秸秆收储网点，由于秸秆质地松散密度低，长距离运输装卸人工成本、运输成本高，不宜将收储网点过于分散。此外，根据技术应用现状分析，秸秆原料收储运成本，已成为秸秆综合利用技术产业化体系中影响企业运行盈亏的关键因素。所以，黑龙江省应积极建立专业化收储运体系，支持农户、合作社、秸秆经纪人和企业共同参与秸秆收储运体系建设，并根据区域原料需求，组建成立具有专业化的秸秆收储运公司，实现农作物联合收获、捡拾打捆、储存运输全程机械化，加强秸秆田间处理能力，并根据秸秆企业需求，统筹负责原料的质量把关，以及原料的收集、晾晒、储存、保管、运输等任务，利用市场化手段推进秸秆收集和物流体系，从而稳定秸秆价格。

6.2 创新发展理念，统筹规划秸秆能源化利用模式

秸秆资源化利用是一项公益性事业，是实施乡村振兴战略，建设美丽乡村的重要切入点和落脚点。随着中国生态文明建设的不断加强，秸秆燃料化利用与农村可再生能源发展紧密相关，与农村生态环境更是相互依赖、互为前提，又彼此影响、彼此促进，逐渐成了决定中国农村经济发展水平的基础问题。面对新的发展形势，秸秆综合利用发展务必要用全新、更高的角度思考问题，创新发展理念，与绿色发展、美丽乡村建设、农村卫生整治、生态环境保护等统筹考虑，遵循“因地制宜、多能互补、综合利用、讲求效益”“开发与节约并重”的原则，开展秸秆燃料化建设。

东北地区秸秆资源丰富，但其资源分布、能源禀赋、能源供需基础等条件也存在明显的区域性差异。因此，秸秆燃料化的开发利用应避免统一标准、统一建设，应遵循“就地生产，就近、就便利用”和“宜电则电、宜气则气、宜煤则煤、宜热则热”的原则，通过统筹规划，结合区域经济发展、资源条件、技术适配性等社会环境因子，针对能源需求分布、规模、设施基础等因素，科学设计并实施，融合多方利益共同体，进一步拓展应用开发模式，合理布局，从而打造秸秆燃料化发展新格局，实现资源高效利用、产出高质化与最大化、排放最小化与生态化的绿色发展之路。

6.3 完善政策机制，加大财税补贴力度及覆盖能力

以“区域统筹、收还结合、政策引导、市场运行”为原则，围绕秸秆“五化”综合利用和发展目标，根据区域条件和生产实际，因地制宜地提出秸秆综合利用实施方案，避免“一刀切”，明确技术及考评标准。秸秆燃料化利用项目一次性投入较大、风险高，必须调动社会各方面力量，尽快建立财政投入、金融贷款及社会融资等渠道相结合的多元化资金投入机制。

首先，对秸秆能源化利用相关技术及模式，明确发展方向和任务，发展政府补助引导，合作社供应秸秆，专业化供暖企业投资并运营的企业化运作模式，从秸秆收储到技术装备的建设给予一定的财政补贴，重点关注对秸秆打捆直燃等新技术、新装备方面的支持与补贴。推动秸秆产业化发

展，努力打造秸秆综合利用技术“百家争鸣”的良好氛围。

其次，进一步以市场为导向，突出企业主体，鼓励引导社会力量和资金投入，建立多渠道、多层次、多方位的融资机制。例如，探索长期租赁、先租后让、租让结合和弹性年期出让的用地方式，解决秸秆收储用地难题；推动出台秸秆运输“绿色通道”政策，支持秸秆离田利用；加快落实国家现有税务、用地、用电、信贷等优惠政策，保障秸秆供热、电力并网集约化发展，着重加强在秸秆消费应用与生态节能低碳等方面的补贴政策，消除秸秆综合利用重建设，轻管理，建设多，应用少的问题，例如，对在医院、学校、大中型企业等热能消费大的领域增加财政支持，推广生物质燃料工程，为秸秆利用提供出口。从而有效解决秸秆燃料化产业成本偏高的突出问题，激发秸秆燃料化产业发展潜力，为新能源企业的发展创造一个良好的投资与发展环境。

6.4 补齐市场短板，保障秸秆能源化利用可持续发展

秸秆燃料化利用市场，易受化石能源价格的影响和冲击，以及秸秆收储运等成本的不稳定性影响，导致秸秆等生物质能源价格往往高于其使用价值，产品销售缺少出口，行业发展内生动力不足，市场化运营机制有待进一步完善。

首先，立足本地，拓展域外，建议由政府牵头，推动秸秆燃料化技术和产品的广泛应用，开拓秸秆燃料化销售使用市场，引导乡镇燃煤小锅炉改造、电力和燃气并网输配及相关户用设备推广。

其次，引导成立相关行业协会，建立秸秆燃料化企业数据库，搭建生物质能源供需交易网络平台，严格市场监管，加强信息交流，组织企业与用能大户直接对接，实现能源产品联产联销，减少中间环节，避免恶性竞争，并依托重点企业相关项目，拓展生态循环农业发展模式。

最后，为稳定能源产品交易，确保秸秆燃料化产业长效运行，进一步推动政府机关、事业单位采取生物质燃气、供热及电力等能源的供应，采用能源购买、能源抵扣置换、补差价等形式，尽可能多的使用可再生能源，在拓宽生物质燃料销售渠道的同时，调动能源供应企业的积极性，保障秸秆燃料化产业可持续发展。

6.5 建立服务体系，增强秸秆能源化技术保障能力

首先，秸秆燃料化技术应用管理与服务体系还不完善，对农村能源设施管理和技术管理环节薄弱，农村维护网点少、维修人员少。因此，要进一步完善秸秆燃料化技术规范、建设和验收规范、装备与产品标准、排放标准等相关体系的制定，从源头保障和促进行业规范发展。

其次，完善产业和服务体系，稳定秸秆燃料服务交易，注重引导企业加强项目运行管理，加强设备售后维护与安全管理，创新健全技术产品的服务模式。

最后，从产业化的高度出发，通过强化科技支撑能力，拓展对新技术、新产品、新模式的开发研究与推广应用，探索更加科学合理的秸秆利用模式，切实提升区域秸秆燃料化利用科技水平。在关键技术研发上，单靠企业自身的研发实力还不足以支撑产业发展，建议政府通过设立重大研发资金立项引导，针对寒区秸秆燃料化利用项目中相关技术不够成熟、设备实用性差、综合效益低等问题，加快产学研结合，联合科研单位、大专院校和有关企业，精心组织各有关专业领域技术较强的科技力量，加大科研投入，重点对寒区秸秆沼气发酵温度保障与效率提升、秸秆高效固化成型设备、秸秆燃料高效率热值利用等能源化关键技术装备问题进行联合攻关。还可以通过专家指导与“卡脖子”技术科技支撑，吸纳秸秆还田、农机、植保、土肥、农村能源、政策研究等方面的专家或团队，深入基层，加强与县级农业农村部门的交流对接，为推进地方秸秆能源化发展出谋划策、加强论证，促进技术成果快速转化落地，实现从科学研究、引进再创新、试验示范、到推广应用的一体贯通，解决秸秆处理技术应用“最后一公里”问题。通过对秸秆燃料化相关技术及设备的不断优化和完善，降低秸秆燃料化企业的生产成本，满足农民对低廉、优质、清洁能源的需求，逐步推动农村向绿色、低碳经济发展方式转型。

参考文献

毕于运，高春雨，王红彦，等，2019. 我国农作物秸秆离田多元化利用现状与策略［J］. 中国农业资源与区划，40（9）：1–11.

曾海明，2012. 山东省嘉祥县秸秆沼气利用技术的典型做法［J］. 农业工程技术（新能源产业）（5）：39–41.

陈百明，张正峰，陈安宁，2005. 农作物秸秆气化利用技术与商业化经营案例分析［J］. 农业工程学报（10）：124–128.

陈春飞，徐树明，万里平，2017. 生猪养殖粪污减量化和集中全量化处理模式的探索与实践［J］. 安徽农业科学，45（21）：211–212.

鄂佐星，佟启玉，2009. 秸秆固体成型燃料技术［M］. 哈尔滨：黑龙江人民出版社.

鄂佐星，周曙光，2009. 畜禽场沼气工程技术［M］. 北京：中国农业科学技术出版社.

范唯艳，2011. 生态农业中的农作物秸秆综合利用［J］. 园艺与种苗（3）：97–101.

费利华，邵建均，葛佳颖，2017. 农作物秸秆综合利用的成效分析与对策［J］. 浙江农业科学，58（7）：1266–1268.

甘福丁，唐健，2022. 双碳背景下农林有机废弃物资源化利用模式研究［J］. 农业与技术，42（17）：90–93.

顾广彬，2013. 秸秆气化在小城镇及农村中的应用［J］. 农村实用科技信息（9）：55.

顾凯平，张坤，张丽霞，等，2008. 森林碳汇计量方法的研究［J］. 南京林业大学学报（自然科学版）（5）：105–109.

郭本宏，刘元兵，2021. 肥西县秸秆资源综合利用与分析［J］. 安徽农学通报，27（17）：174–175.

何绪生，耿增超，佘雕，等，2011. 生物炭生产与农用的意义及国内外动态［J］. 农业工程学报，27（2）：1–7.

贺静，马诗淳，黎霞，等，2011. 能源微生物的研究进展［J］. 中国沼气，29（3）：3–8.

侯红彩，2019. 秸秆综合利用技术［J］. 农民致富之友（7）：224.

胡云楚，刘元，吴志平，等，2004. 木材的化学组成与阻燃技术的发展方向［J］. 木材工业（4）：28–31.

金宝生，2008. 生物质能发电技术分析［J］. 能源研究与信息，24（4）：199–205.

金慧，王黎春，杜风光，等，2009. 木质纤维素原料生产燃料乙醇预处理技术研究进展［J］. 酿酒科技（7）：95–98.

金赵明，2018. 浅析湿式厌氧与干式厌氧发酵技术及相关案例［J］. 环境保护与循环经济，38（5）：29–31.

寇伟，宋哲，2010. 生物质气化技术应用浅谈［J］. 林业科技情报，42（3）：92–93.

李辉，2016. 秸秆综合利用途径初探［J］. 农技服务，33（4）：223.

李雪，2020. 淮南市农作物秸秆综合利用现状及对策［J］. 安徽农学通报，26（16）：178，191.

李毓茜，王梦雨，2016. 秸秆栽培食用菌的资源化利用研究进展［J］. 安徽农业科学，44（8）：88–89.

李在峰，朱金陵，雷廷宙，等，2012. 秸秆成型燃料锅炉的设计及试验研究［J］. 可再生能源，30（7）：79–82.

刘德江，2014. 生态农业技术［M］. 北京：中国农业大学出版社.

刘凤磊，万显君，2021. 秸秆捆烧直燃生物质锅炉的设计［J］. 应用能源技术（3）：33–35.

刘圣勇，李伟莉，徐桂转，等，2005. 秸秆成型燃料锅炉空气流动场试验及分析［J］. 河南农业大学学报（2）：222–225.

刘圣勇，李荫，徐桂转，等，2005. 秸秆成型燃料锅炉炉膛气体浓度分布规律的试验与分析［J］. 农业工程学报（11）：133–136.

刘圣勇，袁超，张佰珍，等，2004. 秸秆成型燃料锅炉的研制［J］. 河南农业大学学报（3）：329–334.

刘圣勇，张百良，张全国，等，2003. 玉米秸秆成型燃料锅炉的设计与试验研究［J］. 热科学与技术（2）：173–177.

陆智，李双江，郑威，2009. 生物质发电技术发展探讨［J］. 能源与环境（6）：59–61.

罗东晓，刘宏波，肖金华，2014. 生物燃气生产技术的研究与应用［J］. 煤气与热力，34（7）：22–28.
吕淼，王一君，2018. 生物天然气产业发展浅析［J］. 能源（2）：68–70.
马爱平，2013-09-08. 世界生物质燃气产业发展现状与趋势［N］. 科技日报（2）.
孟海波，朱明，王正元，等，2007. 瑞典、德国、意大利等国生物质能技术利用现状与经验［J］. 农业工程技术（新能源产业）（4）：53–56.
牛斌，王君，2017. 畜禽粪污与农业废弃物综合利用技术［M］. 北京：中国农业科学技术出版社.
农新，2014. 秸秆综合利用技术目录［J］. 农机科技推广（12）：47–53.
农业部农业机械化管理司，2009. 中国农业机械化科技发展报告（1949—2009）［M］. 北京：中国农业科学技术出版社.
权金娥，张春霞，张晓鹏，等，2014. 木质素含量对四倍体刺槐嫩枝插穗扦插生根的影响［J］. 西北植物学报，34（6）：1179–1186.
时鹏，高强，王淑平，等，2010. 玉米连作及其施肥对土壤微生物群落功能多样性的影响［J］. 生态学报，30（22）：6173–6182.
苏环，2017. 户用秸秆沼气生产技术（上）［J］. 农家致富（6）：44.
苏环，2017. 户用秸秆沼气生产技术（下）［J］. 农家致富（7）：44–45.
苏环，2017. 秸秆干馏技术［J］. 农家致富（10）：44–45.
苏能环，2017. 秸秆固化成型技术（上）［J］. 农家致富（4）：44.
苏能环，2017. 秸秆固化成型技术（下）［J］. 农家致富（5）：44.
苏琼，肖波，汪莹莹，2007. 纤维素类生物质热解影响因素分析［J］. 能源研究与信息（1）：11–15.
孙宁，王飞，孙仁华，等，2016. 国外农作物秸秆主要利用方式与经验借鉴［J］. 中国人口资源与环境，26（S1）：469–474.
孙守强，袁隆基，杨宏坤，等，2008. 生物质能发电技术及其分析［J］. 能源研究与信息（3）：130–135.
田宜水，姚向君，2014. 生物质能资源清洁转化利用技术［M］. 北京：化学工业出版社.
万久臣，张百良，2003. 中国农村可再生能源技术应用对温室气体减排贡献的研究［M］. 北京：中国农业出版社.
王飞，李想，2015. 秸秆综合利用技术手册［M］. 北京：中国农业出版社.
王浩，韩秋喜，贺悦科，等，2012. 生物质能源及发电技术研究［J］. 环境工程，30（S2）：461–464，469.

王红彦，王飞，孙仁华，等，2016. 国外农作物秸秆利用政策法规综述及其经验启示［J］. 农业工程学报，32（16）：216–222.

王久臣，李惠斌，刘杰，2021. 农村能源建设与零碳发展［M］. 北京：中国农业科学技术出版社 .

王久臣，杨世关，万小春，2016. 沼气工程安全生产管理手册［M］. 北京：中国农业出版社 .

王久尘，刘杰，2019. 中国绿色村镇建设与发展［M］. 北京：中国农业科学技术出版社 .

王俊才，杨俊芬，周勇，等，2014. 农村户用沼气池的管理［J］. 农业工程技术（新能源产业）（4）：20–22.

王利军，2019. 生物天然气工艺技术研究与应用［J］. 再生资源与循环经济，12（11）：38–42.

王粟，刘杰，黄波，等，2023. 东北地区秸秆燃料化利用发展模式探究［J］. 农学学报，13（10）：50–55.

王粟，于秋月，裴占江，等，2021. 黑龙江省农作物秸秆能源化利用模式及发展路径研究［J］. 黑龙江农业科学（5）：85–88.

王晓霞，王韩民，徐德徽，2004. 大中型沼气工程商业化融资的前景及对策［J］. 管理世界（7）：78–85.

王玉芳，2013–11–19. “户用生物质炉”技术的推广与应用［N］. 山西科技报（005）.

王佐林，王迪轩，2016. 有机蔬菜科学施用沼气发酵池肥技术［J］. 科学种养（7）：37–38.

魏兆凯，刘凯，王晓洲，2009. 沼气池太阳能增温技术研究［J］. 农机化研究，31（5）：212–216.

夏宗鹏，杨孟军，陈冠益，等，2014. 生物质气化燃气和沼气分散供热经济与环境效益分析［J］. 农业工程学报，30（13）：211–218.

修玉玲，贾立成，2009. 谈农村户用沼气池的安全使用与管理［J］. 现代农业科技（11）：333.

徐秀国，2009. 沼肥在农业生产中应用的注意事项［J］. 现代化农业（4）：9–10.

闫强，王安建，王高尚，等，2009. 全球生物质能资源评价［J］. 中国农学通报，25（18）：466–470.

杨涛，马美湖，2006. 纤维素类物质生产酒精的研究进展［J］. 中国酿造（8）：11–15.

袁艳文，田宜水，赵立欣，等，2012. 生物炭应用研究进展［J］. 可再生能源，30（9）：45–49.

张百良，2009. 生物能源技术与工程化［M］. 北京：科学出版社 .

张迪，丁长河，李里特，等，2006. 玉米秸秆生产燃料乙醇技术［J］. 酿酒，33（5）：56–58.

张晓楠，2021. 生物质发电技术研究应用综述［J］. 山西化工，41（5）：54–56.

章克昌，1995. 酒精与蒸馏酒工艺学［M］. 北京：中国轻工业出版社 .

章世妍，2019. 说说英国秸秆禁烧的那些事［J］. 农机质量与监督（5）：43–45.

赵立欣，姚宗路，2019. 秸秆清洁供暖技术［M］. 北京：中国农业出版社 .

赵廷林，王鹏，邓大军，等，2007. 生物质热解研究现状与展望［J］. 农业工程技术（新能源产业）（5）：54–60.

周伯瑜，2009. 生物质户用炊事炉具技术研究［J］. 农业工程技术（新能源产业）（8）：20–23.

朱德文，曹成茂，陈永生，等，2011. 秸秆厌氧干发酵产沼气关键技术及问题探讨［J］. 中国农机化（4）：56–59.

朱立志，2017. 秸秆综合利用与秸秆产业发展［J］. 中国科学院院刊，32（10）：1125–1132.

朱明，2008. 户用沼气高效使用技术［M］. 北京：科学出版社 .